Introdução às actividades profissionais

Pavel Shibaev

Pavel Shibaev

Introdução às actividades profissionais

Oficina

Imprint

Any brand names and product names mentioned in this book are subject to trademark, brand or patent protection and are trademarks or registered trademarks of their respective holders. The use of brand names, product names, common names, trade names, product descriptions etc. even without a particular marking in this work is in no way to be construed to mean that such names may be regarded as unrestricted in respect of trademark and brand protection legislation and could thus be used by anyone.

Cover image: www.ingimage.com

This book is a translation from the original published under ISBN 978-620-7-80864-9.

Publisher:
Sciencia Scripts
is a trademark of
Dodo Books Indian Ocean Ltd. and OmniScriptum S.R.L publishing group

120 High Road, East Finchley, London, N2 9ED, United Kingdom
Str. Armeneasca 28/1, office 1, Chisinau MD-2012, Republic of Moldova, Europe
Printed at: see last page
ISBN: 978-620-7-90933-9

CONTEÚDO.

INTRODUÇÃO

O objetivo da formação é formar os conhecimentos dos estudantes sobre os fundamentos da ciência dos materiais e os domínios de atividade de um bacharelato a tempo inteiro de acordo com o perfil "Ciência dos Materiais e Tecnologia dos Materiais", incluindo a consideração do desenvolvimento da ciência dos materiais no contexto histórico, revelando ao mesmo tempo, através da especificidade do objeto e do tema de estudo, a individualidade desta disciplina científica e educativa, os objectos, as áreas e os tipos de actividades profissionais do licenciado.

Objectivos da disciplina (módulo)

Os principais objectivos da disciplina são:

1. - Familiarização com a história e as principais fases de desenvolvimento da ciência dos materiais;
2. - familiarização com as teorias modernas da estrutura dos materiais não metálicos e metálicos, métodos de estudo da sua estrutura e propriedades;
3. - familiarização com os conceitos, termos e definições básicos da ciência dos materiais;
4. - familiarização com os principais grupos de materiais tradicionais e modernos com diferentes objectivos funcionais utilizados na tecnologia moderna;
5. - Familiarização com os principais parâmetros utilizados para avaliar as propriedades dos materiais;
6. - Familiarização com as principais direcções da regulação da estrutura e do complexo de propriedades técnicas dos materiais para a criação de materiais de perspetiva com propriedades especificadas.

Conteúdo das secções da disciplina (módulo)

Secção 1: Introdução à especialidade e às fases de desenvolvimento da ciência dos materiais. Objeto, tema e conceitos básicos da ciência dos materiais e da tecnologia dos materiais.

Tópico 1.1. Características gerais do objeto e do tema da ciência dos materiais. Sistema de conceitos básicos e auxiliares da ciência dos materiais. As principais tendências de ampliação da nomenclatura dos materiais utilizados na prática (metais, polímeros orgânicos, cerâmicas, materiais compósitos, etc.) e dos problemas (teóricos, aplicados e matérias-primas) da moderna ciência dos materiais. Finalidade e objectivos da disciplina "Introdução à atividade profissional".

Tópico 1.2 Peculiaridades da profissão de cientista de materiais.

O domínio, os objectos, os tipos e as tarefas da atividade profissional de um licenciado (em investigação, conceção, produção e actividades tecnológicas, organizacionais e de gestão).

Caracterização geral do desenvolvimento histórico da ciência dos materiais. Os materiais no suporte de vida da humanidade. Breve caraterização das fases de desenvolvimento da ciência dos materiais.

Secção 2: Caracterização geral da estrutura (estrutura) dos materiais.

Tópico 2.1. Características gerais dos níveis estruturais (micro, meso e macro) da organização dos materiais. Especificidade da estrutura dos materiais metálicos e não metálicos.

Secção 3: Propriedades dos materiais e suas variedades.

Tópico 3.1. Caracterização geral das propriedades dos materiais e sua classificação. Influência da estrutura nas propriedades dos materiais. Diferença nas propriedades características de três grupos principais de substâncias e materiais (metálicos, poliméricos e cerâmicos).

Secção 4: Classificação dos materiais, domínios de aplicação.

Tópico 4.1. Classificação dos materiais segundo várias características. Caracterização das principais áreas de aplicação dos materiais no sector real da economia.

Secção 5: Desenvolvimento da Ciência dos Materiais em Retrospetiva Histórica.

Tópico 5.1 Cronologia das realizações da ciência dos materiais em diferentes períodos históricos. Contribuição de personalidades individuais para o desenvolvimento da ciência dos materiais.

Tema 5.2: Realizações dos cientistas nacionais dos materiais e sua contribuição para o progresso científico e tecnológico mundial.

Tópico 5.3. História da evolução da expansão da nomenclatura dos materiais praticamente utilizados pela humanidade. Volumes de produção mundial dos principais tipos de materiais no século XXI.

TEMA 1. PROGRAMA EDUCATIVO NA DIRECÇÃO 22.03.01 "CIÊNCIA DOS MATERIAIS E TECNOLOGIA DOS MATERIAIS"

Objetivo. Estudar e analisar o programa de ensino (PE) e as anotações aos programas de trabalho das disciplinas e práticas na direção 22.03.01 "Ciência e Tecnologia dos Materiais".

Descrição do PO
1.1 Justificação para o desenvolvimento do PO

O programa educativo define os requisitos para a implementação de actividades educativas na direção do grau de bacharel 22.03.01 "Ciência dos Materiais e Tecnologia dos Materiais". O PO é um programa educativo inovador (avançado) do ensino superior (nível de licenciatura), que corresponde à direção prioritária da Estratégia de Desenvolvimento Científico e Tecnológico da Rússia (Decreto do Presidente da Federação Russa de 01.12.2016 N 642 "Estratégias de Desenvolvimento Científico e Tecnológico da Federação Russa"). O desenvolvimento do programa tem em conta as tendências científicas e tecnológicas globais no desenvolvimento de tecnologias de produção digitais e inteligentes, sistemas robóticos e novos materiais.

O programa educativo está centrado na formação de competências que aumentarão a competitividade dos diplomados do programa no mercado de trabalho. Os licenciados do programa são preparados para tarefas de investigação e tecnológicas da atividade profissional, de acordo com a direção e o foco da formação.

O PE é um sistema de documentos elaborados e aprovados por uma instituição de ensino superior, tendo em conta as necessidades do mercado de trabalho regional, os requisitos das autoridades executivas federais e os requisitos relevantes do sector, com base no padrão educativo estatal federal do ensino superior na área de estudo relevante.

O PO BO regula os objectivos, os resultados esperados, o conteúdo, as condições e as tecnologias do processo educativo, a avaliação da qualidade da formação de pós-graduação nesta área de formação e inclui: currículo, programas de trabalho de disciplinas académicas (módulos) e práticas e outros materiais que garantem a qualidade da formação dos alunos, bem como o calendário de estudo e materiais metodológicos que garantem a implementação de tecnologia educacional adequada, um programa de trabalho de educação e plano de calendário de trabalho educacional.

1.2 Documentos regulamentares para o desenvolvimento do PO do ensino superior na direção da formação

A implementação de actividades educativas na direção (especialidade) é realizada com base nos requisitos dos seguintes documentos de base:

- Lei federal de 29.12.2012 n.º 273-FZ "Sobre a educação na Federação da Rússia";

- Padrão Educacional Estadual Federal do Ensino Superior na direção da formação 22.03.01 "Ciência dos Materiais e Tecnologia dos Materiais", aprovado pela ordem do Ministério da Educação e Ciência da Federação Russa "02" junho 2020 № 701.

-Despacho do   Ministério da Educação e Ciência da Federação Russa de 05.04.2017 n.º 301 "Sobre a aprovação do procedimento para a organização e implementação de actividades educativas no âmbito de programas educativos do ensino superior - programas de licenciatura, especialização e mestrado";

-GOST   7.32-2001 Norma interestadual. Sistema de normas sobre informação, biblioteconomia e edição. Relatório de trabalho de investigação. Estrutura e regras de execução;

-GOST   ISO 9000-2011 Norma interestadual. Sistemas de gestão da qualidade. Disposições básicas e vocabulário;

-Norma interestadual ISO 9001-2011 da GOST. Sistemas de gestão da qualidade. Requisitos;

-Constituição da   KNITU-KAI;

-MI   .4.2.3-01-2014 Requisitos gerais para o conteúdo, conceção e gestão do regulamento sobre os tipos de actividades (regulamentos sobre a implementação de processos) da KNITU-KAI;

- P.8.1-01-2017 Procedimento para a organização e implementação de actividades educativas no âmbito de programas educativos do ensino superior - licenciatura, especialização e mestrado.

- P.7.3-2018 Regulamentos sobre o procedimento de desenvolvimento e aprovação de programas educativos do ensino superior - programas de bacharelato, programas especializados, programas de mestrado.

- P-9.1_8.3.5-05-2019 Regulamento sobre as GIA para os cursos de licenciatura, de especialização e de mestrado.

1.3 Caracterização geral do PO

Direção da formação:

22.03.01 "Ciência dos materiais e tecnologias dos materiais"

Foco (perfis) do programa educativo:

"Ciência dos materiais e tecnologia de novos materiais"

Qualificação (grau): **Bacharelato**

Forma de formação   **a tempo inteiro**

Período normativo de masterização: **4 anos**

Carga horária do programa   *240 créditos: 8968 horas.*

Requisitos de entrada:

o candidato deve possuir um documento de amostra do Estado sobre o ensino secundário geral ou um documento sobre o ensino secundário profissional, ou um documento sobre o ensino superior e as qualificações.

1.4 Missão, metas e objectivos do PGCE

O objetivo do programa de licenciatura na direção da formação 22.03.01 "Ciência e Tecnologia dos Materiais": desenvolvimento das qualidades pessoais dos estudantes, bem como a formação de competências universais, profissionais gerais e profissionais de acordo com os requisitos do FSES HE na direção da formação 22.03.01 "Ciência e Tecnologia dos Materiais".

O objetivo do PO no domínio da educação pessoal é o reforço da moralidade, o desenvolvimento das necessidades culturais gerais, as capacidades criativas, a responsabilidade, a adaptação social, a comunicação, a tolerância, a perseverança na realização de objectivos, a resistência e a cultura física.

O objetivo do PO no domínio da educação é satisfazer as necessidades do indivíduo em dominar conhecimentos no domínio das ciências humanas, sociais, económicas, matemáticas e naturais e das disciplinas profissionais, permitindo ao diplomado trabalhar com sucesso no respetivo domínio de atividade, possuir competências universais e profissionais, contribuindo para a sua mobilidade social e procura no mercado de trabalho. A realização do objetivo é assegurada por componentes metodológicas, organizacionais, pessoais, materiais e técnicas do processo educativo que satisfazem os requisitos do nível mundial de ensino nesta área temática.

A missão da OP é formar uma elite intelectual, criando o ambiente mais favorável para o desenvolvimento da educação, da investigação e da inovação, para a formação de novas gerações de pessoal científico, científico-pedagógico e técnico-económico capaz de liderar e manter a indústria russa na órbita do mercado mundial.

A formação de bacharel na direção 22.03.01 "Ciência dos materiais e tecnologia dos materiais" é realizada com uma ampla cobertura e estudo aprofundado do complexo de problemas associados à criação e aplicação de vários materiais e revestimentos metálicos e não metálicos, bem como tecnologias para a sua produção e processamento. Esta direção, que pode dar o maior contributo para garantir a segurança do país, acelerar o crescimento económico, aumentar a competitividade do país através do desenvolvimento da base tecnológica da economia e das indústrias de conhecimento intensivo, está incluída na lista de direcções prioritárias de desenvolvimento da ciência, tecnologia e engenharia da Federação Russa.

A procura de licenciados nesta direção está relacionada com o facto de, nas condições da produção digital moderna e de um novo modo tecnológico, ser necessário dispor de especialistas que utilizem na prática os conhecimentos modernos das ciências dos materiais, sobre a influência da macro, micro e nano-escala nas propriedades dos materiais, a interação com o ambiente, bem como os métodos tecnológicos tradicionais e novos de síntese e análise de materiais promissores, os processos de obtenção e transformação de produtos para diversos fins.

Por isso, o departamento de "Ciência dos Materiais, Soldadura e Segurança Industrial" oferece formação de bacharéis na direção 22.03.01

"Ciência dos Materiais e Tecnologia dos Materiais", a mais procurada pelas empresas de engenharia mecânica, medicina, petróleo e gás, energia e indústrias aeroespaciais do nosso país e de outras regiões da Rússia e países vizinhos. Os nossos estudantes adquirem conhecimentos teóricos e práticos e competências na utilização de métodos de investigação, análise e diagnóstico das propriedades dos materiais, seleção de tecnologias racionais para a sua produção, processamento e modificação.

A ciência dos materiais desempenha um papel importante no desenvolvimento do progresso científico e tecnológico. Em qualquer ramo da economia nacional. A ciência dos materiais é capaz de abranger uma vasta gama de actividades humanas, o que torna esta direção relevante e procurada no nosso tempo de rápido desenvolvimento de novas tecnologias e materiais.

A obtenção, o desenvolvimento e a análise de novos materiais, os métodos da sua transformação são a base da produção moderna e determinam em grande medida o nível de desenvolvimento do potencial científico, técnico e económico do Estado.

A ciência dos materiais tem vindo a desenvolver-se de forma especialmente intensa nas últimas décadas. Isto explica-se pela necessidade de novos materiais para a exploração espacial, a medicina, o desenvolvimento da eletrónica e a engenharia da energia nuclear. Isto requer a inclusão de quase todos os elementos do sistema periódico no número de materiais industriais.

A solução das tarefas técnicas mais importantes relacionadas com o consumo económico de materiais e a redução do peso de máquinas e dispositivos depende em grande medida do desenvolvimento da ciência dos materiais. O processo contínuo de criação de novos materiais para a tecnologia moderna enriquece a ciência dos materiais.

Hoje em dia, o ramo da ciência dos materiais é uma esfera de atividade de alta tecnologia. A ciência dos materiais está incluída na lista de áreas prioritárias de desenvolvimento em todos os países desenvolvidos do mundo e é uma das indústrias mais procuradas.

A República do Tartaristão é um importante centro de construção de máquinas gerais e especiais, fabrico de instrumentos, construção de aviões, construção de helicópteros, construção e indústria química. Estas indústrias estão entre os principais sectores da economia de Kazan e da República do Tartaristão, contribuindo significativamente para o emprego da população economicamente ativa. A produção industrial é uma das esferas de atividade económica com maior dinamismo na República do Tartaristão. Aqui está localizado um grande número de empresas relevantes, organizações de design e investigação de importância nacional e internacional. O fabrico de produtos por métodos de pressão, fundição e soldadura é a base da produção em branco de qualquer empresa. Ao mesmo tempo, a conceção de produtos racionais e competitivos e a organização da sua produção são impossíveis sem um nível suficiente de conhecimentos no domínio da ciência dos materiais, que é o indicador mais importante da formação de um especialista moderno licenciado.

Tudo isto exige a formação de especialistas adequados em ciência dos materiais e necessita de pessoal altamente qualificado para as empresas, organizações e institutos de investigação.

A atividade profissional dos licenciados na direção de formação 22.03.01 "Ciência dos materiais e tecnologia dos materiais" está associada a processos tecnológicos de obtenção, transformação e reciclagem de materiais modernos; estudo da sua composição química e morfológica, estado de fase; certificação de materiais e revestimentos, com processos tecnológicos de obtenção, transformação e controlo de qualidade. Sob a orientação de professores e mentores da KNITU-KAI, os bacharéis da direção de formação 22.03.01 "Ciência dos materiais e tecnologia dos materiais" dominam plenamente a especialidade científica e tornam-se profissionais na sua área de atividade.

Os funcionários do Departamento de Ciência dos Materiais, Soldadura e Segurança Industrial desenvolveram um grande número de manuais e materiais didácticos únicos, tendo em conta a experiência nacional e internacional no domínio do processamento e tratamento de materiais modernos.

Os principais consumidores dos bacharéis de 22.03.01 "Ciência dos Materiais e Tecnologia dos Materiais" são grandes empresas modernas de várias indústrias, tais como AK "Transneft", "Gazpromtransgaz Kazan", JSC "KMPO", KAZ com o nome de S.P. Gorbunov (ramo da PJSC "Tupolev"), FSUE "Tochmash", JSC "KMIZ", JSC "Radiopribor", JSC

"Radiopribor", "S.P. Gorbunov Plant" (ramo da PJSC "Tupolev").
Gorbunov (sucursal da PJSC "Tupolev"), "KVZ - Helicópteros da
Rússia", FSUE "Tochmash", JSC "KMIZ", JSC "Radiopribor",
"KAMAZ", JSC "Kazankompressormash", JSC "PO "Zavod named after
Sergo", JSC "Zelenodolsk plant named after A.M. Gorky", empresas de
serviços para automóveis, centros de diagnóstico, ensaios não destrutivos
e destrutivos, etc.

A procura de pessoal de engenharia nas especialidades de "Ciência
dos materiais e tecnologia dos materiais" é confirmada pelos pedidos de
formação específica da JSC "KMPO", S.P. Gorbunov KAZ (sucursal da
PJSC "Tupolev"), JSC "Kazankompressormash", "KVZ - Helicopters of
Russia".

Secção 2: Características da atividade profissional de um diplomado na direção da formação

2.1 Área e domínios de atividade profissional do licenciado

A área de atividade profissional dos licenciados que concluíram o
programa de bacharelato inclui

- desenvolvimento, investigação, modificação e utilização
(processamento, exploração e utilização) de materiais metálicos e não
metálicos para diversos fins;

- processos da sua formação, formação da forma e estrutura,
transformação nas fases de produção, processamento e funcionamento;

- processos de obtenção de materiais, peças em bruto, produtos
semi-acabados, peças e produtos, bem como a sua gestão da qualidade
para vários domínios da engenharia e da tecnologia (engenharia mecânica
e instrumentação, engenharia aeroespacial, engenharia nuclear, eletrónica
de estado sólido, nanoindústria, equipamento médico, equipamento
desportivo e doméstico).

Os domínios de atividade profissional do licenciado, para os quais
estão preparados os licenciados que dominam o programa de bacharelato
na direção da formação 22.03.01 (Ciência e tecnologia dos materiais
(perfil) "Ciência e tecnologia dos materiais de novos materiais"), estão
correlacionados com as normas profissionais.

A lista de normas profissionais, funções laborais generalizadas e funções laborais relevantes para a atividade profissional de um licenciado do programa de bacharelato na direção da formação 22.03.01 (Ciência e tecnologia dos materiais (perfil) "Ciência e tecnologia dos materiais de novos materiais") é apresentada no Quadro 1.

Tabela 1. Áreas de atividade profissional e funções laborais segundo o domínio de atividade profissional

Lista de normas profissionais	Nome do domínio de atividade profissional	Funções laborais generalizadas	Funções laborais
40.136 Especialista no desenvolvimento, apoio e integração de processos tecnológicos e de produção no domínio da ciência dos materiais e da tecnologia dos materiais	Criação e gestão de processos e produções tecnológicas integradas no domínio da ciência e tecnologia dos materiais. **Objetivo principal:** Assegurar uma elevada eficiência da produção com indicadores técnicos e económicos óptimos	Desenvolvimento, manutenção e integração de processos tecnológicos normalizados no domínio da ciência dos materiais e da tecnologia dos materiais	A/01.6 Desenvolvimento de processos tecnológicos típicos no domínio da ciência dos materiais e da tecnologia dos materiais A/03.6 Apoiar processos tecnológicos típicos no domínio da ciência dos materiais e da tecnologia dos materiais
40.085 Especialista em controlo de qualidade da	Tratamento térmico **Objetivo principal:**	Controlo tecnológico e realização de operações de avaliação da	A/01.5 Controlo do material de superfície e/ou das características

produção térmica	Garantir a qualidade especificada dos produtos da produção térmica com indicadores técnicos e económicos estabelecidos	qualidade dos produtos da produção térmica	de volume das peças após tratamento térmico A/02.5 Investigações não complicadas efectuadas por pessoas mais qualificadas A/03.5 Controlo do cumprimento da disciplina tecnológica A/05.5 Preparação de amostras e análise da estrutura para verificação da conformidade com a documentação normativa

2.2 Objectivos da atividade profissional do diplomado

Os objectos da atividade profissional dos bacharéis na direção 22.03.01 "Ciência dos materiais e tecnologia dos materiais" são

- os principais tipos de materiais modernos estruturais e funcionais inorgânicos (metálicos e não metálicos) e orgânicos (poliméricos e de carbono); materiais compósitos; materiais superduros; películas e revestimentos;

- métodos e meios de ensaio e de diagnóstico, de investigação e de controlo da qualidade dos materiais, películas e revestimentos, produtos semi-acabados, peças em bruto, partes e produtos, todos os tipos de equipamentos de investigação, de controlo e de ensaio, equipamentos de análise, programas informáticos para o tratamento dos resultados e a análise dos dados obtidos, modelização do comportamento dos materiais, avaliação e previsão das suas características de desempenho;

- processos tecnológicos de produção, transformação e modificação de materiais e revestimentos, peças e produtos; equipamentos, aparelhos e dispositivos tecnológicos; sistemas de controlo de processos tecnológicos;

- documentação normativa e técnica e sistemas de certificação de materiais e produtos, processos tecnológicos da sua produção e transformação; documentação de relatórios, registos e protocolos do curso e resultados de experiências, documentação sobre segurança e proteção da vida.

2.3 Tarefas da atividade profissional do diplomado

O licenciado que tenha dominado o programa de bacharelato na direção 22.03.01 "Ciência dos Materiais e Tecnologia dos Materiais", de acordo com os tipos de investigação e tecnologia da atividade profissional, deve estar preparado para resolver as seguintes tarefas profissionais:

tipo de tarefas de investigação

- BIT 1 - recolha de dados sobre os tipos e classes de materiais existentes, a sua estrutura e propriedades em relação à solução das tarefas definidas, utilizando bases de dados e fontes bibliográficas;

- NID 2 - participação no trabalho de um grupo de especialistas na realização de experiências e no tratamento dos seus resultados sobre a criação, a investigação e a seleção de materiais, a avaliação das suas qualidades tecnológicas e de serviço através de análises complexas da sua estrutura e propriedades, ensaios físico-mecânicos, de corrosão e outros;

- NID 3 - recolha de informações científicas e técnicas sobre o objeto das experiências para a elaboração de análises, relatórios e publicações científicas, participação na elaboração de relatórios sobre o trabalho realizado;

- NID 4 - trabalhar com documentação normativa e técnica no sistema de certificação de materiais e produtos, processos tecnológicos da sua produção e transformação, documentação de relatórios, registos e protocolos do curso e resultados da experiência, documentação sobre segurança e proteção da vida;

- NID 5 - participação no trabalho de um grupo de especialistas no desenvolvimento de processos tecnológicos de produção, transformação e modificação de materiais e revestimentos, peças e produtos, sistemas de controlo de processos tecnológicos;

- NID 6 - manutenção de registos, execução de projectos e documentação técnica de trabalho, preparação de registos e protocolos nos locais de produção em conformidade com os requisitos da documentação regulamentar;

Tipo de tarefas tecnológicas:

- TD 1 - participação na obtenção e utilização (processamento, operação e utilização) de materiais para diversos fins, conceção de processos de alta tecnologia na fase de ensaio-piloto e implementação;

-TD 2 - participar na organização dos locais de trabalho na divisão, na manutenção e no diagnóstico dos instrumentos de medição e dos equipamentos de ensaio, no controlo do cumprimento dos requisitos de qualidade durante as medições e os ensaios, no tratamento dos dados;

-TD 3 - participação na elaboração de trabalhos técnicos de medição, ensaios, investigação e desenvolvimento;

-TD 4 - participação em trabalhos de normalização, preparação e certificação de processos, equipamentos e materiais, preparação de documentos aquando da criação de um sistema de gestão da qualidade na organização;

-TD 5 - Conceção de processos de alta tecnologia como parte de uma unidade primária de conceção e tecnologia ou de investigação;

-TD 6 - Elaboração de documentação técnica de trabalho.

Secção 3 - Competências do diplomado como resultado cumulativo esperado da educação após a conclusão do presente curso SPE HE

3.1 Um licenciado deve possuir as seguintes competências universais (UC)

№	Competência a formar	Código
1.	Capaz de procurar, analisar criticamente e sintetizar informações, aplicar uma abordagem sistemática para resolver as tarefas em causa	UK-1
2.	Capaz de definir a gama de tarefas dentro do objetivo estabelecido e escolher as melhores formas de as resolver, com base nas normas jurídicas vigentes, nos recursos disponíveis e nas limitações	MC - 2
3.	Capaz de interagir socialmente e de compreender o seu papel numa equipa	MC - 3
4.	Capacidade para efetuar comunicações comerciais orais e escritas na língua oficial da Federação Russa e em língua(s) estrangeira(s)	MC - 4
5.	Capaz de percecionar a diversidade intercultural da sociedade em contextos sócio-históricos, éticos e filosóficos	MC - 5.
6.	Capaz de gerir o seu tempo, construir e implementar uma trajetória de auto-desenvolvimento baseada nos princípios da aprendizagem ao longo da vida	MC - 6
7.	Capaz de manter um nível adequado de aptidão física para assegurar uma atividade social e profissional plena	MC - 7
8.	Capaz de criar e manter, na vida quotidiana e nas actividades profissionais, condições de vida seguras para preservar o ambiente natural, garantindo o desenvolvimento sustentável da sociedade, incluindo em caso de ameaça e ocorrência de emergências e conflitos militares.	CC - 8.
9.	Capaz de utilizar os conhecimentos defectológicos de base nos domínios social e profissional	UK-9
10.	Capaz de tomar decisões económicas informadas em vários domínios de atividade da vida	REINO UNIDO-10
11.	Capaz de formar uma atitude intolerante em relação a comportamentos corruptos	REINO UNIDO-11

3.2 O licenciado deve possuir as seguintes competências profissionais gerais (CGP)

№	Competência a formar	Código
1	2	3
1.	Capaz de resolver problemas da atividade profissional, aplicando métodos de modelação, análise matemática, ciências naturais e conhecimentos gerais de engenharia	OPK-1
2.	Capaz de participar na conceção de objectos técnicos, sistemas e processos tecnológicos, tendo em conta os condicionalismos económicos, ambientais e sociais	OPK-2
3.	Capaz de participar na gestão de actividades profissionais utilizando conhecimentos no domínio da gestão de projectos	OPK-3
4.	Capaz de efetuar medições e observações no domínio da atividade profissional, tratar e apresentar dados experimentais	OPK-4
5.	Capaz de resolver problemas de investigação na realização de actividades profissionais com a utilização de tecnologias de informação modernas e de ferramentas de hardware e software aplicadas	OPK-5
6.	Capaz de tomar decisões técnicas bem fundamentadas nas actividades profissionais, selecionar meios técnicos e tecnologias eficazes e seguros	OPK-6
7.	Capacidade para analisar, redigir e aplicar documentação técnica relacionada com as actividades profissionais, em conformidade com os documentos regulamentares em vigor no sector em causa	OPK-7

3.3 O licenciado deve possuir as seguintes competências profissionais (CP)

№	Competência a formar	Código
Tipo de atividade profissional tarefas: investigação e desenvolvimento		
1.	Capaz de utilizar o conhecimento dos materiais e dos métodos de investigação, análise, diagnóstico e modelização das propriedades das substâncias (materiais), dos processos físicos e químicos que ocorrem nos materiais durante a sua obtenção,	PC-1

	transformação e modificação para resolver problemas da atividade profissional	
2.	Preparado para efetuar medições normalizadas, realizar ensaios no estudo de materiais e produtos, dos seus processos de produção, transformação e modificação, incluindo para efeitos de certificação	PC-2
Tipo de tarefas da atividade profissional: tecnológicas		
1.	Capaz de utilizar os conhecimentos sobre a relação entre a composição, a estrutura e as propriedades dos materiais metálicos e não metálicos modernos para resolver problemas da atividade profissional	PK-3
2.	Capaz de selecionar materiais metálicos e não metálicos de peças de máquinas, mecanismos e estruturas, bem como métodos de processamento em função da sua finalidade	PK-4
3.	Conhece os processos tecnológicos típicos de obtenção, transformação, tratamento e modificação de materiais e é capaz de escolher o equipamento tecnológico para a sua realização	PK-5
4.	Capaz de criar registos, protocolos, documentação de conceção e tecnológica em conformidade com os requisitos dos documentos regulamentares, incluindo a utilização de ferramentas de software normalizadas	PK-6

Secção 6: Apoio normativo e metodológico do sistema de avaliação da qualidade do domínio do programa de estudos de licenciatura do ensino superior

O domínio da PO, incluindo uma parte separada ou todo o volume da disciplina (módulo), é acompanhado de um controlo atual dos progressos e de um atestado intercalar dos alunos.

O controlo do progresso atual permite avaliar o progresso do domínio das disciplinas (módulos) e da formação prática.

Certificação intermédia dos estudantes - avaliação dos resultados intermédios e finais da formação em disciplinas (módulos) e da formação prática, resultados da conceção do curso (trabalho de curso).

Os formulários, o sistema de avaliação, o procedimento de certificação provisória dos estudantes, bem como a periodicidade da certificação provisória dos estudantes são estabelecidos por um ato normativo local da KNITU-KAI.

O domínio da PO é completado pela certificação final do Estado sob a forma de defesa do trabalho de qualificação final (TQF), que é obrigatória.

6.1 Fundos de avaliação para a certificação provisória e materiais de controlo e medição para o controlo dos progressos em curso.

O fundo de meios de avaliação inclui: meios de avaliação para a certificação final do Estado; meios de avaliação da certificação provisória para exames e créditos para disciplinas (módulos), práticas; meios de avaliação do controlo atual (materiais do professor para verificar o domínio do material educativo pelos alunos, incluindo o controlo de entrada; controlo em aulas práticas, trabalho de laboratório, tarefas de prática educativa, industrial, etc.). Um conjunto completo de instrumentos de avaliação necessários para avaliar os resultados de aprendizagem da disciplina (módulo), a prática é armazenado no departamento de desenvolvimento em papel ou em formato eletrónico.

6.2 Certificação final do Estado

A certificação final do Estado na direção do grau de 22.03.01 bacharel inclui a preparação para a defesa do trabalho de qualificação final (GQW) e o procedimento de defesa.

Os requisitos para o conteúdo, o âmbito e a estrutura da certificação estatal final dos diplomados (um ato local de KNITU-KAI).

O objetivo do GIA é uma avaliação exaustiva dos conhecimentos teóricos, das aptidões práticas e das competências do licenciado obtidas durante o período de estudo, de acordo com as especificidades do programa de bacharelato em causa, com base no exemplo da resolução de uma ou mais tarefas profissionais.

Os membros do GEC no processo de defesa, com base no relatório do aluno, nas respostas às perguntas, nos materiais apresentados (feedback do responsável), podem avaliar o nível de formação do aluno e a sua preparação para a atividade profissional.

No relatório, o aluno deve:

-Caracterizar brevemente   a relevância do tema;

- formular claramente a finalidade e os objectivos da MCD;

- descrever sucintamente o que foi feito exatamente no decurso do cumprimento da DMC;

- utilizar no relatório todo o material ilustrativo apresentado para defesa;

- formular claramente as conclusões do trabalho (com uma avaliação dos resultados e do seu grau de conformidade com a tarefa atribuída).

Os resultados da defesa do trabalho final de qualificação são determinados pelas classificações "excelente", "bom", "satisfatório", "não satisfatório" e são anunciados no dia da defesa do trabalho final de qualificação, após a elaboração dos protocolos das reuniões da Comissão de Certificação do Estado, de acordo com o procedimento estabelecido, e o preenchimento das cadernetas de créditos dos alunos.

Os indicadores e critérios de avaliação da formação de competências, a escala de avaliação, as perguntas de controlo típicas para avaliar os resultados do domínio do programa são apresentados no GIA FS.

ANOTAÇÕES.
aos programas de trabalho das disciplinas (módulos) e das práticas

B1.B.01 "Filosofia"

1. objetivo de estudar a disciplina (módulo)

O principal objetivo da disciplina é formar o pensamento filosófico dos futuros bacharéis, orientá-los corretamente no mundo sócio-natural, pensar de forma metodologicamente competente ao dominar as disciplinas académicas e resolver criativamente problemas científicos, técnicos e práticos. O estudo da filosofia tem por objetivo desenvolver as capacidades de perceção crítica e de avaliação das fontes de informação, a capacidade de formular e argumentar logicamente a sua própria visão dos problemas e as formas da sua resolução.

2. objectivos da disciplina (módulo)

Os principais objectivos da disciplina são:
- melhorar a cultura filosófica dos estudantes
- O estudo da história e da teoria da filosofia;
- Familiarização com visões filosóficas, religiosas e científicas do mundo;
- dominar os princípios e métodos básicos do conhecimento filosófico;
- introdução ao conjunto de problemas filosóficos relacionados com o domínio da futura atividade profissional;
- Adquirir competências para trabalhar com textos filosóficos originais e adaptados.

3. lugar da disciplina (módulo) na estrutura do programa de ensino.

A disciplina "Filosofia" faz parte da parte obrigatória do bloco 1

4. O licenciado que domine a disciplina deve possuir as seguintes competências

OK-1 - Possuir a capacidade de utilizar os fundamentos do conhecimento filosófico para formar uma visão do mundo.
OK-6 - Possuir a capacidade de trabalhar em equipa, com tolerância em relação às diferenças sociais, étnicas, confessionais e culturais

5. o âmbito da disciplina académica (módulo) (indicando a intensidade do trabalho de todos os tipos de trabalho académico)

Âmbito da disciplina (módulo) para o ensino a tempo inteiro

Tipos de acções de formação	Intensidade total da mão de obra (em horas)	
	Total ZE /hora	Semestre

		2
Intensidade total de mão de obra da disciplina (módulo) em ZE/hora	3ZE/108	108
Trabalho de contacto dos alunos com o professor por tipos de sessões de formação (trabalho na sala de aula), incluindo:	50,3	50,3
Palestras	34	34
Trabalhos de laboratório	-	-
Exercícios práticos	16	16
Trabalhos de curso (consulta, defesa)	-	-
Projeto de curso (consultas, defesa)	-	-
Aconselhamento pré-exame	-	-
Trabalho de contacto no controlo intermédio	0,3	0,3
Trabalho autónomo do estudante (trabalho extracurricular), incluindo:	57,7	57,7
Trabalhar com o material de formação (auto-formação)	57,7	57,7
Projeto de curso (preparação)	-	-
Trabalhos de curso (preparação)	-	-
Preparação para a certificação provisória	-	-
Certificação intermédia	crédito	crédito

Programador da RPA: E.R. Galimov, Doutor em Ciências Técnicas, Professor do Departamento de MS&PB, Professor Associado do Departamento de Filosofia, Candidato a Professor de Filosofia Sabirzyanov A.M.

B1.B.02 História

1. Objetivo do estudo da disciplina (módulo)

O principal objetivo da disciplina "História": formar as ideias dos estudantes sobre as regularidades gerais e as direcções de desenvolvimento dos processos históricos mundiais, introduzi-los no círculo dos problemas históricos actuais, questões relacionadas com o campo da futura atividade profissional.

2. Objectivos da disciplina (módulo)

Os principais objectivos da disciplina são: 1) familiarizar-se com as principais etapas e acontecimentos-chave da história mundial e russa; 2) ensiná-lo a identificar a inter-relação dos acontecimentos passados e presentes, a tratar criticamente os aspectos do desenvolvimento e das realizações das diferentes civilizações; 3) formar a capacidade de tomar posição nos debates, de formar a sua própria opinião; cooperar em grupo; possuir as competências das técnicas individuais de estudo de um problema e de tomada de decisão.

3. lugar da disciplina (módulo) na estrutura do programa educativo do ensino superior

A disciplina "História" faz parte da parte básica do bloco 1.

4. O licenciado que domine a disciplina deve possuir as seguintes competências

OK-2 - Capacidade de analisar as principais etapas e regularidades do desenvolvimento histórico da sociedade para formar uma posição cívica

OK-6 - capacidade de trabalhar em equipa, aceitando com tolerância as diferenças sociais, étnicas, confessionais e culturais

5 O âmbito da disciplina (módulo) (indicando a intensidade do trabalho de todos os tipos de trabalho académico).

Âmbito da disciplina para estudantes a tempo inteiro

Tipos de acções de formação	Intensidade total da mão de obra (em horas)	
	Total ZE /hora	Semestre 2
Intensidade total de mão de obra da disciplina (módulo) em ZE/hora	2ZE/72.	72
Trabalho de contacto dos alunos com o professor por tipos de sessões de formação (trabalho na sala de aula), incluindo:	32,3	32,3
Palestras	16	16
Trabalhos de laboratório	-	-
Exercícios práticos	16	16
Trabalhos de curso (consulta, defesa)	-	-
Projeto de curso (consultas, defesa)	-	-
Aconselhamento pré-exame	-	-
Trabalho de contacto no controlo intermédio	0,3	0,3
Trabalho autónomo do estudante (trabalho extracurricular), incluindo:	39,7	39,7
Trabalhar com o material de formação (auto-formação)	39,7	39,7
Projeto de curso (preparação)	-	-
Trabalhos de curso (preparação)	-	-

Preparação para a certificação provisória	-	-
Certificação intermédia	crédito	crédito

Programador RPA: E.R. Galimov, Doutor em Ciências Técnicas, Professor, Departamento de MS&PB, D.V. Shmelev, Doutor em Ciências, Professor, Departamento ISO

B1.B.03 "Língua estrangeira"

1. Objetivo do estudo da disciplina

- formação da competência comunicativa intercultural orientada para a atividade profissional.
- O estudo de uma língua estrangeira tem igualmente por objetivo assegurar: um aumento do nível de autonomia de aprendizagem, a capacidade de autoeducação;
- desenvolvimento de competências cognitivas e de investigação;
- desenvolvimento da cultura da informação, competências para trabalhar com informação em língua estrangeira em suporte papel e eletrónico;
- alargar as perspectivas e melhorar a cultura geral dos estudantes;
- promover a tolerância e o respeito pelos valores espirituais de diferentes países e povos.

2. Objectivos da disciplina

- desenvolvimento de competências de comunicação em língua estrangeira em todos os tipos de atividade discursiva (ler, falar, ouvir, escrever):
- formação e aperfeiçoamento de competências de audição e pronúncia em relação a novos materiais linguísticos e discursivos;
- Formação de competências de todos os tipos de leitura (estudo, navegação, introdução, pesquisa);
- formação de competências de expressão monológica e dialógica sobre as situações propostas; competências de oratória; competências de redação de documentos simples;
- Ampliação do mínimo lexical produtivo e recetivo à custa de meios lexicais ao serviço de novos temas, problemas e situações de comunicação; formação do aparelho terminológico no quadro dos temas e problemas de comunicação designados no volume de 1200 unidades lexicais.
- correção e desenvolvimento de competências de utilização produtiva de formas e construções gramaticais de base;

- formação e aperfeiçoamento de competências ortográficas em relação a novos materiais linguísticos e discursivos.
- melhorar as competências de trabalho autónomo com literatura especial (técnica) numa língua estrangeira, a fim de obter informações profissionais e de as utilizar em actividades educativas e práticas.

3. lugar da disciplina na estrutura do programa educativo do ensino superior
A disciplina "Língua Estrangeira" pertence à parte básica do Bloco 1 "Disciplinas (Módulos)" do programa de licenciatura e é obrigatória.
4. O licenciado que domine a disciplina deve possuir as seguintes competências
OK-5 - Capacidade de comunicar oralmente e por escrito em russo e em línguas estrangeiras para resolver problemas de interação interpessoal e intercultural

Âmbito da disciplina (com indicação da intensidade de trabalho de todos os tipos de trabalho académico)

Tipos de acções de formação	Intensidade total da mão de obra (em horas)				
	Total ZE /hora	Semestre			
		1	2	3	4
Intensidade total de mão de obra da disciplina (módulo) em ZE/hora	14/504	3/108	4/144	3/108	4/144
Trabalho de contacto dos alunos com o professor por tipos de sessões de formação (trabalho na sala de aula), incluindo:		50,3	52,4	50,3	52,4
Palestras					
Trabalhos de laboratório					
Exercícios práticos	200	50	50	50	50

Trabalhos de curso (consulta, defesa)				
Projeto de curso (consultas, defesa)				
Aconselhamento pré-exame	4		2		2
Trabalho de contacto no controlo intermédio	1,4	0,3	0,4	0,3	0,4
Trabalho autónomo do estudante (trabalho extracurricular), incluindo:	298,6	57,7	91,6	57,7	91,6
Trabalhar com o material de formação (auto-formação)		57,7	58	57,7	58
Projeto de curso (preparação)					
Trabalhos de curso (preparação)					
Preparação para a certificação provisória	67,2		33,6		33,6
Certificação intermédia		crédito	exame	crédito	exame

Programador da RPA: E.Y. Lapteva, Candidato a Ciências Pedagógicas, Professor Associado, S.V. Kuryntsev, Candidato a Ciências Económicas, Professor Associado

B1.B.04 "Segurança da vida"

1. objetivo de estudar a disciplina (módulo)

O objetivo da formação é formar os conhecimentos fundamentais dos estudantes sobre a unidade inseparável de uma atividade profissional

eficaz com os requisitos de segurança e proteção do ser humano. A realização destes requisitos garante a preservação do desempenho e da saúde do ser humano e prepara a pessoa para atuar em condições extremas.
2. Objectivos da disciplina:
- - Estudo do estado confortável (normativo) do habitat em áreas de atividade laboral humana e de recreio;
- - Estudo da teoria dos impactos negativos do habitat de origem natural, antrópica e humana;
- - Conhecimentos em matéria de previsão da evolução dos impactos negativos no homem e no ambiente, avaliação e gestão dos riscos;
- - Familiarizar-se com as perspectivas de criação e utilização de novos materiais em ligação com os domínios mais importantes do desenvolvimento das indústrias de base;
- - Conhecer as medidas para proteger os seres humanos e o ambiente dos impactos negativos;
- - Estudo dos métodos modernos de moldagem de peças e partes de diversos materiais.
- - Conhecer os princípios básicos da tomada de decisões sobre a proteção do pessoal de produção e da população contra as possíveis consequências de acidentes, catástrofes, desastres naturais e a utilização de meios modernos de derrota, bem como a tomada de medidas para eliminar as suas consequências. Lugar da disciplina na estrutura do programa de ensino: a disciplina "Segurança da vida" faz parte da parte básica.

3. lugar da disciplina na estrutura do programa educativo do ensino superior
A disciplina pertence à parte básica do bloco 1 "Disciplinas (Módulos)" do programa de bacharelato e é obrigatória.
4. O licenciado que domine a disciplina deve possuir as seguintes competências
OK-9- Disponibilidade para utilizar métodos básicos de proteção do pessoal da produção e da população contra possíveis consequências de acidentes, catástrofes e desastres naturais
OPK-5- capacidade de aplicar na prática os princípios da utilização racional dos recursos naturais e da proteção do ambiente

5. Âmbito da disciplina (indicando a intensidade do trabalho de todos os tipos de trabalho académico)

Âmbito da disciplina para estudantes a tempo inteiro

Tipos de acções de formação	Intensidade total da mão de obra (em horas)	
	Total	Semestre
	ZE /hora	7
Intensidade total de trabalho da disciplina (módulo) em ZE/hora	2 ZE/72.	2 ZE/72.
Trabalho de contacto dos alunos com o professor por tipos de sessões de formação (trabalho na sala de aula), incluindo:	32,3	32,3
Palestras	16	16
Trabalhos de laboratório	-	-
Exercícios práticos	16	16
Trabalhos de curso (consulta, defesa)	-	-
Projeto de curso (consultas, defesa)	-	-
Aconselhamento pré-exame	-	-
Trabalho de contacto no controlo intermédio	0,3	0,3
Trabalho autónomo do estudante (trabalho extracurricular), incluindo:	39,7	39,7
Trabalhar com o material de formação (auto-formação)	-	-
Projeto de curso (preparação)	-	-
Trabalhos de curso (preparação)	-	-
Preparação para a certificação provisória	-	-
Certificação intermédia		crédito

Programador da RPA: V.Yu. Vinogradov, Doutor em Ciências Técnicas, Professor Associado, Departamento de MS&PS, I.A. Abrosimov, Candidato a Ciências Técnicas, Professor Associado, Departamento de MS&PS, E.R. Galimov, Doutor em Ciências Técnicas, Professor, Departamento de MS&PS.

B1.B.05 "Cultura física e desporto"

1. objetivo de estudar a disciplina (módulo)

O objetivo da educação física dos alunos do KNITU-KAI é a formação da cultura física pessoal, a preservação e o reforço da saúde, a preparação psicofísica para futuras actividades sociais e profissionais, a inclusão num estilo de vida saudável, o auto-aperfeiçoamento físico sistemático.

2. Objectivos da disciplina:

1. determinar o papel da cultura física no desenvolvimento da personalidade e na sua preparação para a atividade socioprofissional;

2 Examinar os fundamentos científicos e práticos da educação física e dos estilos de vida saudáveis;

3. Formar nos alunos uma atitude motivadora e valorativa em relação à cultura física, uma atitude em relação a um estilo de vida saudável, ao auto-aperfeiçoamento físico e à autoeducação, à necessidade de praticar regularmente exercício físico e desporto;

4. Adquirir competências e aptidões práticas para assegurar a preservação e a promoção da saúde, o bem-estar mental, o desenvolvimento e a melhoria das capacidades psicofísicas e dos traços de personalidade, a autodeterminação na cultura física;

5. Proporcionar uma preparação física geral e profissional aplicada que determine a aptidão psicofísica dos estudantes para a sua futura profissão;

6. Adquirir experiência de utilização criativa da cultura física e das actividades desportivas para atingir objectivos de vida e profissionais.

3. lugar da disciplina na estrutura do programa educativo do ensino superior

A disciplina pertence à parte básica do bloco 1 "Disciplinas (Módulos)" do programa de bacharelato e é obrigatória.

4. O licenciado que domine a disciplina deve possuir as seguintes competências

OK - 8 Capacidade de utilizar os métodos e meios da cultura física para assegurar uma atividade social e profissional de pleno direito

5. Âmbito da disciplina (indicando a intensidade do trabalho de todos os tipos de trabalho académico)

Âmbito da disciplina para estudantes a tempo inteiro

Tipos de acções de formação	Intensidade total da mão de obra (em horas)	
	Total	Semestre
	ZE /hora	1	

Intensidade total de mão de obra da disciplina (módulo) em ZE/hora	2 ZE/72.	2 ZE/72.	
Trabalho de contacto dos alunos com o professor por tipos de sessões de formação (trabalho na sala de aula), incluindo:	16,3	16,3	
Palestras			
Trabalhos de laboratório	-	-	
Exercícios práticos	16	16	
Trabalhos de curso (consulta, defesa)	-	-	
Projeto de curso (consultas, defesa)	-	-	
Aconselhamento pré-exame		-	
Trabalho de contacto no controlo intermédio	0,3	0,3	
Trabalho autónomo do estudante (trabalho extracurricular), incluindo:	55,7	55,7	
Trabalhar com o material de formação (auto-formação)	55,7	55,7	
Projeto de curso (preparação)	-	-	
Trabalhos de curso (preparação)	-	-	
Preparação para a certificação provisória			
Certificação intermédia		crédito	

Programador da RPA: Yusupov R.A. Doutor em Ciências Biológicas, Chefe do Departamento de Ph. PhiS, Galimov E.R., Doutor em Ciências Técnicas, Professor, Departamento de MS&PB

B1.B.06 "Desenvolvimento pessoal"
1. objetivo de estudar a disciplina (módulo)
O objetivo do estudo da disciplina é preparar um especialista, não só bem orientado nas suas futuras actividades profissionais, mas também orientado para o crescimento pessoal, envolvendo o desenvolvimento de competências de liderança, a capacidade de definir e atingir objectivos, de estabelecer prioridades, de trabalhar em equipa, de se gerir a si próprio, as pessoas e outras qualidades de uma personalidade competitiva moderna.

2. Objectivos da disciplina:
- Familiarização com o conceito de "personalidade". Estudo dos componentes do mundo interior e exterior da personalidade, critérios da sua maturidade.

- Aquisição de conhecimentos sobre os fundamentos da teoria e da prática do desenvolvimento pessoal. Domínio dos conceitos de: "desenvolvimento pessoal", "desenvolvimento profissional", "crescimento pessoal", "crescimento profissional", "soft-skills skills".
- Identificar o papel dos "elevadores sociais" na carreira e no desenvolvimento pessoal.
- Composição de uma ideia sobre as peculiaridades da personalidade e dos seus estados mentais, contribuindo para a aquisição de competências transversais, potencial de liderança, domínio dos métodos de diagnóstico e auto-diagnóstico.
- Formação da capacidade de ter em conta as características pessoais das outras pessoas, de perceber com tolerância as suas diferenças psicológicas, sociais, étnicas, profissionais e culturais.
- Familiarização com o conteúdo da gestão do tempo e os seus princípios, formação da motivação para a auto-organização, domínio de métodos eficazes de comunicação empresarial e de gestão do tempo.
- Aprender as regras de manutenção da saúde física e mental do indivíduo como base para o seu desenvolvimento.
- Aquisição de uma compreensão dos fundamentos do desenvolvimento e da aplicação de técnicas de diagnóstico, de formação social e psicológica e de métodos de assistência psicológica para o desenvolvimento pessoal.

3. lugar da disciplina na estrutura do programa educativo do ensino superior

A disciplina pertence à parte básica do bloco 1 "Disciplinas (Módulos)" do programa de bacharelato e é obrigatória.

4. O licenciado que domine a disciplina deve possuir as seguintes competências

OK-6- capacidade de trabalhar em equipa, aceitando com tolerância as diferenças sociais, étnicas, confessionais e culturais

OK-7- Capacidade de auto-organização e autoeducação

5. Âmbito da disciplina (indicando a intensidade do trabalho de todos os tipos de trabalho académico)

Tipos de acções de formação	Intensidade total da mão de obra (em horas)	
	Total de horas (ZE)	Semestre

		1
Intensidade total de mão de obra da disciplina (módulo) em ZE/hora	2 ZE/72.	2 ZE/72.
Trabalho de contacto dos alunos com o professor por tipos de sessões de formação (trabalho na sala de aula), incluindo:	32,3	32,3
Palestras	16	16
Trabalhos de laboratório	-	-
Exercícios práticos	16	16
Trabalhos de curso (consulta, defesa)	-	-
Projeto de curso (consultas, defesa)	-	-
Aconselhamento pré-exame	-	-
Trabalho de contacto no controlo intermédio	0,3	0,3
Trabalho autónomo do estudante (trabalho extracurricular), incluindo:	39,7	39,7
Trabalhar com o material de formação (auto-formação)	39,7	39,7
Projeto de curso (preparação)	-	-
Trabalhos de curso (preparação)	-	-
Preparação para a certificação provisória	-	-
Certificação intermédia		crédito

RPA developer: A.R. Karimova, Ph.D. in Psychology, Associate Professor, Department of ET&SD, E.R. Galimov, Ph.

B1.B.07 "Matemática Superior"

1. objetivo de estudar a disciplina (módulo)

O principal objetivo do estudo da disciplina "Matemática Superior" é a formação da cultura matemática nos futuros bacharéis, incluindo uma compreensão clara da necessidade da componente matemática na formação geral de um bacharel, o desenvolvimento de ideias sobre o papel e o lugar da matemática na civilização moderna e na cultura mundial, a capacidade de pensar logicamente, de operar com objectos abstractos e de ser correto na utilização de conceitos e símbolos matemáticos para expressar relações quantitativas e qualitativas.

2. Objectivos da disciplina:

- Formação dos conhecimentos de base dos estudantes nas seguintes secções: álgebra linear (incluindo as representações lineares), álgebra vetorial, geometria analítica (incluindo as curvas e as superfícies de segunda ordem), análise matemática (incluindo a geometria diferencial), elementos de análise funcional (elementos de topologias), teoria das probabilidades e estatística matemática, matemática discreta (cálculo lógico, gráficos, elementos de combinatória).
- Formação de competências de utilização de métodos de álgebra linear, álgebra vetorial, geometria analítica, análise matemática, elementos de análise funcional, métodos da teoria das probabilidades e da estatística matemática, matemática discreta em aplicações técnicas.
- desenvolver a capacidade de utilizar corretamente conceitos e símbolos matemáticos
- Desenvolver a capacidade de utilizar as modernas tecnologias da informação e da educação no trabalho autónomo

3. lugar da disciplina na estrutura do programa educativo do ensino superior

A disciplina pertence à parte básica do bloco 1 "Disciplinas (Módulos)" do programa de bacharelato e é obrigatória.

4. O licenciado que domine a disciplina deve possuir as seguintes competências

OK-6- Capacidade de trabalhar em equipa, aceitando com tolerância as diferenças sociais, étnicas, confessionais e culturais

OK-7- Capacidade de auto-organização e autoeducação

5. Âmbito da disciplina (indicando a intensidade do trabalho de todos os tipos de trabalho académico)

Tipos de acções de formação	Intensidade total da mão de obra (em horas)			
	Total	Semestre		
	ZE /hora	1	2	3
Intensidade total de mão de obra da disciplina (módulo) em ZE/horas	18/64 8	7/252	7/252	7/25 2
Trabalho de contacto dos alunos com o professor por tipos de sessões de formação (trabalho na sala de aula), incluindo:	*356*	*136*	*136*	*84*

Palestras	170	68	68	34
Trabalhos de laboratório				
Exercícios práticos	186	68	68	50
Trabalhos de curso (consulta, defesa)				
Projeto de curso (consultas, defesa)				
Aconselhamento pré-exame	4	2	2	
Trabalho de contacto no controlo intermédio	1,7	0,7	0,7	0,3
Trabalho autónomo do estudante (trabalho extracurricular), incluindo:	209	57,7	91,6	59,7
Trabalhar com o material de formação (auto-formação)	286,2	113,3	113,3	59,7
Projeto de curso (preparação)				
Trabalhos de curso (preparação)				
Preparação para a certificação provisória	67,2	33,6	33,6	
Certificação intermédia		Passar, exame	Passar, exame	crédito

Programador da RPA: Sidorov I.N., Doutor em Ciências Técnicas, Professor do Departamento de TM&VM, Takseitov R.R., Candidato a Ciências Técnicas, Professor Associado,

B1.B.08 "Física"

1. objetivo de estudar a disciplina (módulo)
O objetivo do estudo da disciplina é formar nos futuros bacharéis conhecimentos fundamentais de física, necessários para o estudo das disciplinas profissionais subsequentes e na futura atividade profissional.
2.

2. Objectivos da disciplina:
- Estudo dos fenómenos físicos básicos; domínio dos conceitos fundamentais, leis e teorias da física clássica e moderna;
- Formação da visão científica do mundo e do pensamento físico moderno;

- Dominar as técnicas e métodos de resolução de problemas específicos de diferentes domínios da física;
- Familiarização com o equipamento científico moderno, métodos de investigação física, formação de competências para a realização de experiências físicas e elaboração de relatórios científicos e técnicos;
- Formação da capacidade do licenciado para utilizar as leis fundamentais da física na sua atividade profissional, aplicação de métodos de investigação teóricos e experimentais, participação no desenvolvimento de modelos matemáticos e físicos de processos.

3. lugar da disciplina na estrutura do programa educativo do ensino superior
A disciplina pertence à parte básica do bloco 1 "Disciplinas (Módulos)" do programa de bacharelato e é obrigatória.
4. O licenciado que domine a disciplina deve possuir as seguintes competências
OPK-2: capacidade de utilizar na atividade profissional o conhecimento das abordagens e dos métodos de obtenção de resultados na investigação teórica e experimental
OPK-3:aptidão para aplicar conhecimentos fundamentais de matemática, ciências naturais e engenharia geral na atividade profissional
OPK-4: capacidade de combinar teoria e prática para resolver problemas de engenharia

5. Âmbito da disciplina (indicando a intensidade do trabalho de todos os tipos de trabalho académico)

Tipos de acções de formação	Intensidade total da mão de obra (em horas)			
	Total ZE /hora	Semestre		
		1	2	3
Intensidade total de trabalho da disciplina (módulo) em ZE/hora	4ZE/50	5 ZE/180 .	5 ZE/180 .	4 ZE/14 4.
Trabalho de contacto dos alunos com o professor por tipos de sessões de formação (trabalho na sala de aula), incluindo:	*197,1*	*68,4*	*68,4*	*68,3*

Palestras	102	34	34	34
Trabalhos de laboratório	48	16	16	16
Exercícios práticos	48	16	16	16
Trabalhos de curso (consulta, defesa)	-	-	-	-
Projeto de curso (consultas, defesa)	-	-	-	-
Aconselhamento pré-exame	4	2	2	
Trabalho de contacto no controlo intermédio	1,1	0,4	0,4	0,3
Trabalho autónomo do estudante (trabalho extracurricular), incluindo:	*239,7*	*111,6*	*111,6*	77,7
Trabalhar com o material de formação (auto-formação)	133,3	78	78	77,7
Projeto de curso (preparação)	-	-	-	-
Trabalhos de curso (preparação)	-	-	-	-
Preparação para a certificação provisória	67,2	33,6	33,6	
Certificação intermédia		exame	exame	crédito

Programador da RPA: R.H. Makayeva, Doutor em Ciências Técnicas, Professor, I.N. Sidorov, Doutor em Ciências Técnicas, Professor, Departamento de TM&VM.

B1.B.09 Metrologia, Normalização e Certificação

1. objetivo de estudar a disciplina (módulo)

O principal objetivo da disciplina é dominar as disposições básicas da metrologia e do apoio metrológico, para formar uma compreensão dos métodos e ferramentas modernos no domínio da metrologia, da precisão, da normalização e da certificação.

2. Objectivos da disciplina:

1. Estudo das disposições básicas da metrologia, dos princípios e métodos de tratamento e apresentação dos resultados das medições;

2. capacidade de aplicar um sistema unificado de normalização e padronização de indicadores de precisão de medição, bem como a posse de métodos de seleção de instrumentos de medição durante o ensaio e o controlo de produtos;

3. capacidade para verificar a conformidade dos valores dos parâmetros medidos e controlados dos produtos e dos processos tecnológicos especificados na documentação técnica com o objetivo de serviço da peça e com as normas nacionais pertinentes;

4. desenvolvimento de uma abordagem sistemática para a resolução de problemas metrológicos no domínio da organização e execução do controlo da qualidade de produtos, materiais, componentes, controlo da produção de processos tecnológicos.

3. lugar da disciplina na estrutura do programa educativo do ensino superior

A disciplina pertence à parte básica do bloco 1 "Disciplinas (Módulos)" do programa de bacharelato e é obrigatória.

4. O licenciado que domine a disciplina deve possuir as seguintes competências

OPK-2: capacidade de utilizar na atividade profissional o conhecimento das abordagens e dos métodos de obtenção de resultados na investigação teórica e experimental

5. Âmbito da disciplina (indicando a intensidade do trabalho de todos os tipos de trabalho académico)

Tipos de acções de formação	Intensidade total da mão de obra (em horas)	
	Total ZE /hora	Semestre 3
Intensidade total de mão de obra da disciplina (módulo) em ZE/hora	3ZE/108	108
Trabalho de contacto dos alunos com o professor por tipos de sessões de formação (trabalho na sala de aula), incluindo:	32,3	32,3
Palestras	16	16
Trabalhos de laboratório	-	-
Exercícios práticos	16	16
Trabalhos de curso (consulta, defesa)	-	-
Projeto de curso (consultas, defesa)	-	-

Aconselhamento pré-exame	-	-
Trabalho de contacto no controlo intermédio	0,3	0,3
Trabalho autónomo do estudante (trabalho extracurricular), incluindo:	75,7	75,7
Trabalhar com o material de formação (auto-formação)	75,7	75,7
Projeto de curso (preparação)	-	-
Trabalhos de curso (preparação)	-	-
Preparação para a certificação provisória	-	-
Certificação intermédia	crédito	crédito

Criador da RPA: Sidorov I.N., Doutor em Ciências Técnicas, Professor do Departamento de TM&VM, Professor Sénior D.A. Bulashov. Bulashov D.A.

B1.B.10.01 "Teoria da resolução de problemas de investigação"

1. objetivo de estudar a disciplina (módulo)

O principal objetivo do estudo da disciplina é formar nos futuros bacharéis competências práticas reais que lhes permitam resolver com êxito problemas inventivos relacionados com a investigação e o cálculo-analítico, a produção e a preparação tecnológica da conceção do desenvolvimento, criação e produção de produtos a partir de novos materiais.2. 2. Tarefas da disciplina:

aprendizagem de conhecimentos sobre os princípios básicos e as leis do desenvolvimento de sistemas técnicos;

- dominar os métodos de desenvolvimento de competências inventivas, incluindo os baseados na tecnologia TRIZ;

- desenvolver competências de trabalho em equipa.

3. lugar da disciplina na estrutura do programa educativo do ensino superior

A disciplina pertence à parte básica do bloco 1 "Disciplinas (Módulos)" do programa de bacharelato e é obrigatória.

4. O licenciado que domine a disciplina deve possuir as seguintes competências

OK-7 Capacidade de auto-organização e autoeducação
OPK-2 - capacidade de utilizar na atividade profissional conhecimentos sobre abordagens e métodos de obtenção de resultados na investigação teórica e experimental
OPK-4 - capacidade de combinar teoria e prática para resolver problemas de engenharia

5. Âmbito da disciplina (indicando a intensidade do trabalho de todos os tipos de trabalho académico)

Tipos de acções de formação	Intensidade total da mão de obra (em horas)		
	Total	Semestre	
	ZE /hora	2	
Intensidade total de mão de obra da disciplina (módulo) em ZE/horas	2 ZE/72.	2 ZE/72.	
Trabalho de contacto dos alunos com o professor por tipos de sessões de formação (trabalho na sala de aula), incluindo:	*16,3*	*16,3*	
Palestras	16	16	
Trabalhos de laboratório	-	-	
Exercícios práticos	-	-	
Trabalhos de curso (consulta, defesa)	-	-	
Projeto de curso (consultas, defesa)	-	-	
Aconselhamento pré-exame	-	-	
Trabalho de contacto no controlo intermédio	0,3	0,3	
Trabalho autónomo do estudante (trabalho extracurricular), incluindo:	55,7	55,7	
Trabalhar com o material de formação (auto-formação)	55,7	55,7	
Projeto de curso (preparação)	-	-	
Trabalhos de curso (preparação)	-	-	
Preparação para a certificação provisória	-	-	
Certificação intermédia		crédito	

Programador RPA: V.A. Morozov, Professor Associado do Departamento de Tecnologia Química e Novos Materiais, Universidade Estatal de Moscovo Lomonosov, Lopatin. M.V. Universidade Estatal de Moscovo Lomonosov, Lopatin. A.A. Lopatin, Candidato a Ciências Técnicas, Professor Associado do Departamento de Tecnologia Química e Novos Materiais

B1.B.10.02 "Fundamentos da atividade de projeto"

1. objetivo de estudar a disciplina (módulo)

Como resultado do domínio desta disciplina, o diplomado adquire conhecimentos, competências e aptidões que asseguram a realização dos seguintes objectivos: Familiarização dos diplomados com os instrumentos de organização das actividades de projeto e de gestão na realização de projectos inovadores e de outros projectos comerciais na direção da formação.

2. Objectivos da disciplina:

assimilação de conhecimentos sobre os princípios e leis de base do desenvolvimento de sistemas técnicos;

- dominar os métodos de desenvolvimento da competência inventiva;

- desenvolver competências de trabalho em equipa.

3. lugar da disciplina na estrutura do programa educativo do ensino superior

A disciplina pertence à parte básica do bloco 1 "Disciplinas (Módulos)" do programa de bacharelato e é obrigatória.

4. O licenciado que domine a disciplina deve possuir as seguintes competências

OPK-2 - capacidade de utilizar na atividade profissional conhecimentos sobre abordagens e métodos de obtenção de resultados na investigação teórica e experimental

OPK-4 - capacidade de combinar teoria e prática para resolver problemas de engenharia

5. Âmbito da disciplina (indicando a intensidade do trabalho de todos os tipos de trabalho académico)

Tipos de acções de formação	Intensidade total da mão de obra (em horas)	
	Total	Semestre
	ZE /hora	5	

Intensidade total de trabalho da disciplina (módulo) em ZE/hora	2 ZE/72.	2 ZE/72.	
Trabalho de contacto dos alunos com o professor por tipos de sessões de formação (trabalho na sala de aula), incluindo:	***32,3***	***32,3***	
Palestras	32	32	
Trabalhos de laboratório	-	-	
Exercícios práticos	-	-	
Trabalhos de curso (consulta, defesa)	-	-	
Projeto de curso (consultas, defesa)	-	-	
Aconselhamento pré-exame	-	-	
Trabalho de contacto no controlo intermédio	0,3	0,3	
Trabalho autónomo do estudante (trabalho extracurricular), incluindo:	39,7	39,7	
Trabalhar com o material de formação (auto-formação)	39,7	39,7	
Projeto de curso (preparação)	-	-	
Trabalhos de curso (preparação)	-	-	
Preparação para a certificação provisória	-	-	
Certificação intermédia		crédito	

Criador da RPA: V.A. Morozov, Professor Associado do Departamento de Tecnologia Química e Novos Materiais, Universidade Estatal de Moscovo Lomonosov. M.V. Universidade Estatal de Moscovo Lomonosov

B1.B.10.03 "Economia empresarial e produção digital"

1. objetivo de estudar a disciplina (módulo)
Como resultado do domínio desta disciplina, o diplomado adquire conhecimentos, competências e aptidões que asseguram a realização dos seguintes objectivos: Familiarização dos diplomados com os instrumentos de organização das actividades de projeto e de gestão na realização de projectos inovadores e de outros projectos comerciais na direção da formação.
2. Objectivos da disciplina:
Os principais objectivos da disciplina são:
Adquirir conhecimentos económicos e utilizá-los em actividades práticas.
3. lugar da disciplina na estrutura do programa educativo do ensino superior
A disciplina pertence à parte básica do bloco 1 "Disciplinas (Módulos)" do programa de bacharelato e é obrigatória.
4. O licenciado que domine a disciplina deve possuir as seguintes competências
OPK-2 - capacidade de utilizar na atividade profissional conhecimentos sobre abordagens e métodos de obtenção de resultados na investigação teórica e experimental
OPK-4 - capacidade de combinar teoria e prática para resolver problemas de engenharia

5. Âmbito da disciplina (indicando a intensidade do trabalho de todos os tipos de trabalho académico)

Tipos de acções de formação	Intensidade total da mão de obra (em horas)		
	Total	Semestre	
	ZE /hora	4	
Intensidade total de mão de obra da disciplina (módulo) em ZE/hora	2 ZE/72.	2 ZE/72.	
Trabalho de contacto dos alunos com o professor por tipos de sessões de formação (trabalho na sala de aula), incluindo:	*32,3*	*32,3*	
Palestras	32	32	
Trabalhos de laboratório	-	-	
Exercícios práticos	-	-	

Trabalhos de curso (consulta, defesa)	-	-	
Projeto de curso (consultas, defesa)	-	-	
Aconselhamento pré-exame	-	-	
Trabalho de contacto no controlo intermédio	0,3	0,3	
Trabalho autónomo do estudante (trabalho extracurricular), incluindo:	39,7	39,7	
Trabalhar com o material de formação (auto-formação)	39,7	39,7	
Projeto de curso (preparação)	-	-	
Trabalhos de curso (preparação)	-	-	
Preparação para a certificação provisória	-	-	
Certificação intermédia		crédito	

Programador RPA: E.R. Galimov, Prof. do Departamento de MS&PSS. Departamento de MS&PB

B1.B.11.01 "Geometria descritiva e gráficos de engenharia"

1. objetivo de estudar a disciplina (módulo)

O objetivo do estudo da disciplina educativa de GN e IG é a formação de conhecimentos básicos para o domínio de disciplinas especiais e a formação de competências profissionais.

2. Objectivos da disciplina:

Os principais objectivos da disciplina são:

- dominar os fundamentos teóricos do desenho.

- dominar os princípios básicos da elaboração de documentação de conceção para diversos fins, em conformidade com os requisitos das normas da ESCD.

3. lugar da disciplina na estrutura do programa educativo do ensino superior

A disciplina pertence à parte básica do bloco 1 "Disciplinas (Módulos)" do programa de bacharelato e é obrigatória.

4. O licenciado que domine a disciplina deve possuir as seguintes competências

OPK-1- Capacidade de resolver tarefas normalizadas da atividade profissional com base na informação e na cultura bibliográfica, utilizando as tecnologias da informação e da comunicação e tendo em conta os requisitos básicos da segurança da informação
OPK-4 - capacidade de combinar teoria e prática para resolver problemas de engenharia

5. Âmbito da disciplina (indicando a intensidade do trabalho de todos os tipos de trabalho académico)

Tipos de acções de formação	Intensidade total da mão de obra (em horas)	
	Total ZE /hora	**Semestre 1**
Intensidade total de mão de obra da disciplina (módulo) em ZE/horas	4 ZE/144.	4 ZE/144.
Trabalho de contacto dos alunos com o professor por tipos de sessões de formação (trabalho na sala de aula), incluindo:	*70,4*	*70,4*
Palestras	34	34
Trabalhos de laboratório	32	32
Exercícios práticos	-	-
-	-	-
Projeto de curso (consultas, defesa)	-	-
Aconselhamento pré-exame	2	2
Trabalho de contacto no controlo intermédio	0.4	0.4
Trabalho autónomo do estudante (trabalho extracurricular), incluindo:	***75,6***	***75,6***
Trabalhar com o material de formação (auto-formação)	42	42
Projeto de curso (preparação)	-	-
Trabalhos de curso (preparação)	-	-
Preparação para a certificação provisória	33,6	33,6
Certificação intermédia		**exame**

Programador RPA: N.Y. Galimova, Candidata a Ciências Técnicas, Professora Associada, Departamento de M e IG.

B1.B.11.02 "Computação gráfica"
1. objetivo de estudar a disciplina (módulo)
O objetivo do estudo da disciplina académica "Computação Gráfica" é a formação de conhecimentos básicos para o domínio de disciplinas especiais e a formação de competências profissionais.
2. Objectivos da disciplina:
Os principais objectivos da disciplina são:
- familiarização dos estudantes com as formas de automatização da atividade de engenharia, processamento de informação geométrica, desenvolvimento de competências de execução de desenhos em PC.
- dominar os requisitos da documentação técnica de esboço e dos desenhos de trabalho das peças.
3. lugar da disciplina na estrutura do programa educativo do ensino superior
A disciplina pertence à parte básica do bloco 1 "Disciplinas (Módulos)" do programa de bacharelato e é obrigatória.
4. O licenciado que domine a disciplina deve possuir as seguintes competências
OPK-1- Capacidade de resolver tarefas normalizadas da atividade profissional com base na informação e na cultura bibliográfica, utilizando as tecnologias da informação e da comunicação e tendo em conta os requisitos básicos da segurança da informação
OPK-4 - capacidade de combinar teoria e prática para resolver problemas de engenharia

5. Âmbito da disciplina (indicando a intensidade do trabalho de todos os tipos de trabalho académico)

Tipos de acções de formação	Intensidade total da mão de obra (em horas)	
	Total ZE /hora	Semestre 2

Intensidade total de mão de obra da disciplina (módulo) em ZE/hora	2 ZE/72.	2ZE/72.
Trabalho de contacto dos alunos com o professor por tipos de sessões de formação (trabalho na sala de aula), incluindo:	*32,3*	*32,3*
Palestras	-	-
Trabalhos de laboratório	32	32
Exercícios práticos	-	-
-	-	-
Projeto de curso (consultas, defesa)	-	-
Aconselhamento pré-exame	-	-
Trabalho de contacto no controlo intermédio	0.3	0.3
Trabalho independente do estudante (trabalho extracurricular), incluindo:	***39,7***	***39,7***
Trabalhar com o material de formação (auto-formação)	39.7	39.7
Projeto de curso (preparação)	-	-
Trabalhos de curso (preparação)	-	-
Preparação para a certificação provisória	-	-
Certificação intermédia		crédito

Programador RPA: N.Y. Galimova, Candidata a Ciências Técnicas, Professora Associada, Departamento de M e IG.

B1.B.12.01 "Informática"
1. objetivo de estudar a disciplina (módulo)

O objetivo da formação é formar os conhecimentos fundamentais dos alunos sobre a natureza e as propriedades dos materiais, sobre a dependência das suas propriedades em relação à composição e à estrutura, sobre as regularidades das transformações nos metais e ligas em várias condições termofísicas e processos que ocorrem nos materiais sob carga para formar competências de escolha cientificamente justificada de materiais, aplicação de métodos altamente eficazes do seu processamento e utilização proposta em estruturas com um elevado grau de fiabilidade e durabilidade.

2. Objectivos da disciplina:

Os principais objectivos da disciplina são:

- Estudo da essência e da importância da informação no desenvolvimento da sociedade da informação moderna;

- Aquisição de competências para trabalhar com informação em redes informáticas;

- adquirir competências para a utilização competente e racional do computador como instrumento de gestão da informação;

- Aquisição de competências para a utilização de tecnologias modernas de informação e comunicação e de recursos globais em actividades de investigação, cálculo e análise no domínio da ciência dos materiais e da tecnologia dos materiais;

 - Aquisição de competências de recolha de dados, análise de informação científica e técnica, desenvolvimento e utilização de documentação técnica, documentos normativos de base sobre questões de propriedade intelectual, preparação de documentos para registo de patentes, registo de know-how.

3. lugar da disciplina na estrutura do programa educativo do ensino superior

A disciplina pertence à parte básica do bloco 1 "Disciplinas (Módulos)" do programa de bacharelato e é obrigatória.

4. O licenciado que domine a disciplina deve possuir as seguintes competências

OPK-1- Capacidade de resolver tarefas normalizadas da atividade profissional com base na informação e na cultura bibliográfica, utilizando as tecnologias da informação e da comunicação e tendo em conta os requisitos básicos da segurança da informação

5. Âmbito da disciplina (indicando a intensidade do trabalho de todos os tipos de trabalho académico)

Tipos de acções de formação	Intensidade total da mão de obra (em horas)	
	Total ZE /hora	**Semestre**
		1
Intensidade total de mão de obra da disciplina (módulo) em ZE/hora	2 ZE/72.	2 ZE/72.

Trabalho de contacto dos alunos com o professor por tipos de sessões de formação (trabalho na sala de aula), incluindo:	*32,3*	*32,3*
Palestras	-	-
Trabalhos de laboratório	32	32
Exercícios práticos	-	-
Trabalhos de curso (consulta, defesa)	-	-
Projeto de curso (consultas, defesa)	-	-
Aconselhamento pré-exame	-	-
Trabalho de contacto no controlo intermédio	0,3	0,3
Trabalho autónomo do estudante (trabalho extracurricular), incluindo:	***39,7***	***39,7***
Trabalhar com o material de formação (auto-formação)	20	20
Projeto de curso (preparação)	-	-
Trabalhos de curso (preparação)	-	-
Preparação para a certificação provisória	19,7	19,7
Certificação intermédia		crédito

Programador RPA: A.V. Belyaev, Candidato a Ciências Técnicas, Professor Associado, Candidato a Ciências Técnicas, Professor Associado, Departamento de MS&PS, E.S. Mukhametshina, Candidato a Ciências Técnicas, Professor Associado, Departamento de MS&PS.

B1.B.12.01 "Informática"
1. objetivo de estudar a disciplina (módulo)

O objetivo da formação é formar os conhecimentos fundamentais dos alunos sobre a natureza e as propriedades dos materiais, sobre a dependência das suas propriedades em relação à composição e à estrutura, sobre as regularidades das transformações nos metais e ligas em várias condições termofísicas e processos que ocorrem nos materiais sob carga para formar competências de escolha cientificamente justificada de materiais, aplicação de métodos altamente eficazes do seu processamento e utilização proposita em estruturas com um elevado grau de fiabilidade e durabilidade.
2. Objectivos da disciplina:
Os principais objectivos da disciplina são:

- Estudo da essência e da importância da informação no desenvolvimento da sociedade da informação moderna;

- Aquisição de competências para trabalhar com informação em redes informáticas;

- adquirir competências para a utilização competente e racional do computador como instrumento de gestão da informação;

- Aquisição de competências para a utilização de tecnologias modernas de informação e comunicação e de recursos globais em actividades de investigação, cálculo e análise no domínio da ciência dos materiais e da tecnologia dos materiais;

- Aquisição de competências de recolha de dados, análise de informação científica e técnica, desenvolvimento e utilização de documentação técnica, documentos normativos de base sobre questões de propriedade intelectual, preparação de documentos para registo de patentes, registo de know-how.

3. lugar da disciplina na estrutura do programa educativo do ensino superior

A disciplina pertence à parte básica do bloco 1 "Disciplinas (Módulos)" do programa de bacharelato e é obrigatória.

4. O licenciado que domine a disciplina deve possuir as seguintes competências

OPK-1- Capacidade de resolver tarefas normalizadas da atividade profissional com base na informação e na cultura bibliográfica, utilizando as tecnologias da informação e da comunicação e tendo em conta os requisitos básicos da segurança da informação

5. Âmbito da disciplina (indicando a intensidade do trabalho de todos os tipos de trabalho académico)

Tipos de acções de formação	Intensidade total da mão de obra (em horas)	
	Total ZE /hora	**Semestre**
		1
Intensidade total de mão de obra da disciplina (módulo) em ZE/hora	2 ZE/72.	2 ZE/72.

Trabalho de contacto dos alunos com o professor por tipos de sessões de formação (trabalho na sala de aula), incluindo:	*32,3*	*32,3*
Palestras	-	-
Trabalhos de laboratório	32	32
Exercícios práticos	-	-
Trabalhos de curso (consulta, defesa)	-	-
Projeto de curso (consultas, defesa)	-	-
Aconselhamento pré-exame	-	-
Trabalho de contacto no controlo intermédio	0,3	0,3
Trabalho independente do aluno (trabalho extracurricular), incluindo:	***39,7***	***39,7***
Trabalhar com o material de formação (auto-formação)	20	20
Projeto de curso (preparação)	-	-
Trabalhos de curso (preparação)	-	-
Preparação para a certificação provisória	19,7	19,7
Certificação intermédia		crédito

Programador RPA: A.V. Belyaev, Candidato a Ciências Técnicas, Professor Associado, Candidato a Ciências Técnicas, Professor Associado, Departamento de MS&PS, E.S. Mukhametshina, Candidato a Ciências Técnicas, Professor Associado, Departamento de MS&PS.

B1.B.12.02 "Sistemas de conceção assistida por computador"

1. objetivo de estudar a disciplina (módulo)

O objetivo da formação é formar os conhecimentos dos alunos sobre sistemas de conceção assistida por computador (CAD), tipos de suporte CAD, modelização e otimização de processos, níveis de automatização, software CAD, questões de conceção de processos tecnológicos, prototipagem.

.

2. Objectivos da disciplina:

Os principais objectivos da disciplina são:

– Estudo dos termos e definições básicas de CAD.

– Estudo dos tipos de suporte CAD (matemático, software, técnico, informação, etc.).

– Introdução aos conceitos e à essência da modelação, dos elementos finitos e dos métodos de diferença.
– Estudo dos programas informáticos de base no domínio do CAD.
– Aquisição de competências em sistemas de modelação 3D.

3. lugar da disciplina na estrutura do programa educativo do ensino superior
A disciplina pertence à parte básica do bloco 1 "Disciplinas (Módulos)" do programa de bacharelato e é obrigatória.
4. O licenciado que domine a disciplina deve possuir as seguintes competências
OPK-1- Capacidade de resolver tarefas normalizadas da atividade profissional com base na informação e na cultura bibliográfica, utilizando as tecnologias da informação e da comunicação e tendo em conta os requisitos básicos da segurança da informação

5. Âmbito da disciplina (indicando a intensidade do trabalho de todos os tipos de trabalho académico)

Tipos de acções de formação	Intensidade total da mão de obra (em horas)	
	Total ZE /hora	Semestre 4
Intensidade total de mão de obra da disciplina (módulo) em ZE/hora	2 ZE/72.	2 ZE/72.
Trabalho de contacto dos alunos com o professor por tipos de sessões de formação (trabalho na sala de aula), incluindo:	*32,3*	*32,3*
Palestras	–	–
Trabalhos de laboratório	32	32
Exercícios práticos	–	–
Trabalhos de curso (consulta, defesa)	–	–
Projeto de curso (consultas, defesa)	–	–
Aconselhamento pré-exame	–	–
Trabalho de contacto no controlo intermédio	0,3	0,3

Trabalho autónomo do estudante (trabalho extracurricular), incluindo:	*39,7*	*39,7*
Trabalhar com o material de formação (auto-formação)	39,7	39,7
Projeto de curso (preparação)	–	–
Trabalhos de curso (preparação)	–	–
Preparação para a certificação provisória	–	–
Certificação intermédia	crédito	crédito

Programador de RPA: A.V. Belyaev, Candidato a Ciências Técnicas, Professor Associado,

B1.B.12.03 "Pacotes de software de aplicação em actividades profissionais"

1. objetivo de estudar a disciplina (módulo)

O principal objetivo da disciplina é familiarizar os estudantes com as disposições básicas da informática, as tecnologias informáticas modernas; formação de competências para aplicar estas tecnologias na investigação científica, resolução de problemas de obtenção de materiais com propriedades de elevado desempenho, melhoria, desenvolvimento de novas tecnologias de elevado desempenho.

.

2. Objectivos da disciplina:

Domínio das disposições gerais da informática, do computador e das tecnologias da informação, da sua aplicação no trabalho científico e na prática;

formação de competências para a utilização de tecnologias modernas de informática e informação na realização de investigação e desenvolvimento, resolução de problemas de produção;

consolidação destas competências através da realização de tarefas nas aulas práticas e nos trabalhos de laboratório.

3. lugar da disciplina na estrutura do programa educativo do ensino superior

A disciplina pertence à parte básica do bloco 1 "Disciplinas (Módulos)" do programa de bacharelato e é obrigatória.

4. O licenciado que domine a disciplina deve possuir as seguintes competências

OPK-2 - Capacidade de utilizar na atividade profissional os conhecimentos sobre as abordagens e os métodos de obtenção de resultados na investigação teórica e experimental

5. Âmbito da disciplina (indicando a intensidade do trabalho de todos os tipos de trabalho académico)

Tipos de acções de formação	Intensidade total da mão de obra (em horas)		
	Total ZE /hora	**Semestre 5**	**Semestre 6**
Intensidade total de mão de obra da disciplina (módulo) em ZE/hora	4 ZE/144.	2 ZE/72.	2 ZE/72.
Trabalho de contacto dos alunos com o professor por tipos de sessões de formação (trabalho na sala de aula), incluindo:	*64,6*	*32,3*	*32,3*
Palestras	–	–	–
Trabalhos de laboratório	64	32	32
Exercícios práticos	–	–	–
Trabalhos de curso (consulta, defesa)	–	–	–
Projeto de curso (consultas, defesa)	–	–	–
Aconselhamento pré-exame	–	–	–
Trabalho de contacto no controlo intermédio	0,6	0,3	0,3
Trabalho autónomo do estudante (trabalho extracurricular), incluindo:	*79,4*	*39,7*	*39,7*
Trabalhar com o material de formação (auto-formação)	79,4	39,7	39,7
Projeto de curso (preparação)	–	–	–
Trabalhos de curso (preparação)	–	–	–

| Preparação para a certificação provisória | – | – | – |
| Certificação intermédia | | crédito | crédito |

Programador RPA: A.V. Belyaev, Candidato a Ciências Técnicas, Professor Associado, Departamento de MS&PS, V.L. Fedyaev, Doutor em Ciências Técnicas, Professor, Departamento de MS&PS.

B1.B.13 "Química"

1. objetivo de estudar a disciplina (módulo)
formação da compreensão dos estudantes sobre os fundamentos teóricos da química como sistema de ciências para a posterior utilização desses conhecimentos no estudo de outras disciplinas, para a competência profissional e para garantir a segurança humana no mundo moderno.
2. Objectivos da disciplina:
estudo de conceitos básicos, leis e modelos de sistemas químicos,
- o estudo da reatividade das substâncias.
3. lugar da disciplina na estrutura do programa educativo do ensino superior
A disciplina pertence à parte básica do bloco 1 "Disciplinas (Módulos)" do programa de bacharelato e é obrigatória.
4. O licenciado que domine a disciplina deve possuir as seguintes competências
OPK-2 - Capacidade de utilizar na atividade profissional os conhecimentos sobre as abordagens e os métodos de obtenção de resultados na investigação teórica e experimental
OPK-3- aptidão para aplicar nas actividades profissionais os conhecimentos fundamentais da matemática, das ciências naturais e da engenharia geral

5. Âmbito da disciplina (indicando a intensidade do trabalho de todos os tipos de trabalho académico)

Tipos de acções de formação	Intensidade total da mão de obra (em horas)	
	Total ZE /hora	Semestre
		2
Intensidade total de trabalho da disciplina (módulo) em ZE/hora	**3ZE/108**	**108**

Trabalho de contacto dos alunos com o professor por tipos de sessões de formação (trabalho na sala de aula), incluindo:	48,3	48,3
Palestras	16	16
Trabalhos de laboratório	16	16
Exercícios práticos	16	16
Trabalhos de curso (consulta, defesa)	-	-
Projeto de curso (consultas, defesa)	-	-
Aconselhamento pré-exame	-	-
Trabalho de contacto no controlo intermédio	0,3	0,3
Trabalho autónomo do estudante (trabalho extracurricular), incluindo:	59,7	59,7
Trabalhar com o material de formação (auto-formação)	59,7	59,7
Projeto de curso (preparação)	-	-
Trabalhos de curso (preparação)	-	-
Preparação para a certificação provisória	-	-
Certificação intermédia	**crédito**	**crédito**

R.S. Davletbaev, Doutor em Ciências Técnicas, Professor Associado, Departamento de MS&E. Grigorieva I.G., Professor Associado, Departamento de Engenharia Química.

B1.B.14 "Mecânica teórica"
1. objetivo de estudar a disciplina (módulo)
O principal objetivo do estudo da mecânica teórica (MT) é a formação dos conhecimentos dos futuros bacharéis sobre as leis básicas da mecânica, a capacidade de resolver problemas de estática, cinemática e dinâmica, a capacidade de escolher modelos mecânicos adequados de sistemas técnicos concebidos, a capacidade de utilizar as leis e os métodos da MT no estudo de outras disciplinas e para a competência profissional.
2. Objectivos da disciplina:
Os principais objectivos da disciplina são:
- Aprender os conceitos básicos de estática, equações de equilíbrio e como utilizá-los para determinar reacções de ligação;
- estudo dos conceitos básicos da cinemática, métodos de fixação do movimento e determinação dos parâmetros cinemáticos do movimento de um ponto material e de um corpo sólido;

- estudo dos axiomas da dinâmica de um ponto material (leis de Newton), teoremas gerais da dinâmica de um sistema material e sua utilização para resolver problemas aplicados e construir modelos matemáticos do movimento de objectos mecânicos reais.

3. lugar da disciplina na estrutura do programa educativo do ensino superior

A disciplina pertence à parte básica do bloco 1 "Disciplinas (Módulos)" do programa de bacharelato e é obrigatória.

4. O licenciado que domine a disciplina deve possuir as seguintes competências

OPK-2 - Capacidade de utilizar na atividade profissional os conhecimentos sobre as abordagens e os métodos de obtenção de resultados na investigação teórica e experimental

5. Âmbito da disciplina (indicando a intensidade do trabalho de todos os tipos de trabalho académico)

Tipos de acções de formação	Intensidade total da mão de obra (em horas)		
	Total	Semestre	
	ZE /hora	2	3
Intensidade total de mão de obra da disciplina (módulo) em ZE/hora	8 ZE/28 8	4 ZE/14 4.	4 ZE/14 4.
Trabalho de contacto dos alunos com o professor por tipos de sessões de formação (trabalho na sala de aula), incluindo:	122,8	70,4	52,4
Palestras	68	34	34
Trabalhos de laboratório	-	-	-
Exercícios práticos	50	34	16
Trabalhos de curso (consulta, defesa)	-	-	-
Projeto de curso (consultas, defesa)	-	-	-
Aconselhamento pré-exame	4	2	2
Trabalho de contacto no controlo intermédio	0,8	0,4	0,4
Trabalho independente do aluno (trabalho extracurricular), incluindo:	165,2	73,6	91,6
Trabalhar com o material de formação (auto-formação)	98	40	58
Projeto de curso (preparação)	-	-	-

Trabalhos de curso (preparação)	-	-	-
Preparação para a certificação provisória	67,2	33,6	33,6
Certificação intermédia		exame	exame

Programador da RPA: Sidorov I.N., Doutor em Ciências Físicas e Matemáticas, Professor, Departamento do TIPMiM,

B1.B.15 "Teoria dos mecanismos e das máquinas"

1. objetivo de estudar a disciplina (módulo)

O objetivo do estudo da disciplina é formar nos futuros bacharéis as ideias básicas e mais importantes sobre os métodos modernos no domínio da conceção de conjuntos típicos de máquinas e elementos de estruturas de aeronaves

2. Objectivos da disciplina:

1. Recolha e análise de informações iniciais para o desenvolvimento de projectos de produtos (peças, unidades, conjuntos) de aeronaves e respectivos sistemas;

2. Domínio dos métodos modernos de síntese e análise estrutural, cinemática e dinâmica de esquemas de vários mecanismos de aeronaves;

3. Conceção de produtos e sistemas de equipamento aeronáutico em conformidade com a missão técnica, utilizando as tecnologias da informação e os meios de automatização do trabalho de conceção;

4. Capacidade de conceber elementos de máquinas e estruturas de aeronaves tendo em conta a resistência, a estabilidade e a durabilidade.

3. lugar da disciplina na estrutura do programa educativo do ensino superior

A disciplina pertence à parte básica do bloco 1 "Disciplinas (Módulos)" do programa de bacharelato e é obrigatória.

4. O licenciado que domine a disciplina deve possuir as seguintes competências

OPK-3 - aptidão para aplicar conhecimentos fundamentais de matemática, ciências naturais e engenharia geral na atividade profissional

5. Âmbito da disciplina (indicando a intensidade do trabalho de todos os tipos de trabalho académico)

Tipos de acções de formação	Intensidade total da mão de obra (em horas)

	Total ZE /hora	Semestr e
		4
Intensidade total de trabalho da disciplina (módulo) em ZE/hora	**4ZE/144**	**144**
Trabalho de contacto dos alunos com o professor por tipos de sessões de formação (trabalho na sala de aula), incluindo:	68.6	68,6
Palestras	34	34
Trabalhos de laboratório	16	16
Exercícios práticos	16	16
Trabalhos de curso (consulta, defesa)	2,3	2,3
Projeto de curso (consultas, defesa)	-	-
Aconselhamento pré-exame	-	-
Trabalho de contacto no controlo intermédio	0,3	0,3
Trabalho autónomo do estudante (trabalho extracurricular), incluindo:	**75,4**	**75.4**
Trabalhar com o material de formação (auto-formação)	41,7	41,7
Projeto de curso (preparação)	-	-
Trabalhos de curso (preparação)	33,7	33,7
Preparação para a certificação provisória	-	-
Certificação intermédia	**crédito**	**crédito**

Programador da RPA: N.Y. Galimova, candidata a Ciências Técnicas, Professora Associada, Departamento de M e IG,
B1.B.16 "Partes de máquinas"
1. objetivo de estudar a disciplina (módulo)
O objetivo do estudo da disciplina "Peças de máquinas" é formar o futuro bacharel em métodos modernos no domínio da conceção de conjuntos e elementos típicos de máquinas e mecanismos.

2. Objectivos da disciplina:
Os principais objectivos da disciplina são
    - recolha e análise de informações iniciais para o desenvolvimento de projectos de produtos (peças, unidades, conjuntos) de engenharia mecânica geral;
    - domínio de métodos modernos de síntese e análise estrutural, cinemática e dinâmica de esquemas de vários mecanismos de máquinas;

- Conhecimento dos princípios básicos da conceção de produtos e sistemas de oboequipamento de máquinas e mecanismos de engenharia mecânica geral, de acordo com a tarefa técnica, com a utilização de tecnologias da informação e meios de automatização dos trabalhos de conceção;
- capacidade de manter o equipamento tecnológico aquando da implementação dos processos de produção.

3. lugar da disciplina na estrutura do programa educativo do ensino superior
A disciplina pertence à parte básica do bloco 1 "Disciplinas (Módulos)" do programa de bacharelato.

4. O licenciado que domine a disciplina deve possuir as seguintes competências
OPK-2- capacidade de utilizar na atividade profissional o conhecimento das abordagens e dos métodos de obtenção de resultados na investigação teórica e experimental
OPK-4 Capacidade de combinar teoria e prática para resolver problemas de engenharia

5. Âmbito da disciplina (indicando a intensidade do trabalho de todos os tipos de trabalho académico)

Tipos de acções de formação	Intensidade total da mão de obra (em horas)		
	Total	Semestre	
	ZE /hora	7	8
Intensidade total de mão de obra da disciplina (módulo) em ZE/hora	8 ZE/28 8	5ZE/1 80.	3 ZE/10 8
Trabalho de contacto dos alunos com o professor por tipos de sessões de formação (trabalho na sala de aula), incluindo:	*87,7*	*68,4*	*19,3*
Palestras	34	34	-
Trabalhos de laboratório	32	32	-
Exercícios práticos	16	-	16

Trabalhos de curso (consulta, defesa)			-
Projeto de curso (consultas, defesa)	3,3		3,3
Aconselhamento pré-exame	2	2	
Trabalho de contacto no controlo intermédio	0,4	0,4	
Trabalho autónomo do estudante (trabalho extracurricular), incluindo:	***200,3***	***111,6***	***88,7***
Trabalhar com o material de formação (auto-formação)	134	78	56
Projeto de curso (preparação)	32,7	-	32,7
Trabalhos de curso (preparação)		-	-
Preparação para a certificação provisória	33,6	33,6	
Certificação intermédia		exame	Aprovação com um grau

Programador da RPA: N.Y. Galimova, Candidata a Ciências Técnicas, Professora Associada, Departamento de M e IG,

B1.B.17 "Materiais em Engenharia"

1. objetivo de estudar a disciplina (módulo)
O objetivo do estudo da disciplina é formar os conhecimentos dos futuros bacharéis sobre os domínios e esferas de aplicação dos materiais metálicos utilizados para o fabrico de estruturas, produtos, conjuntos, peças e unidades de construção de máquinas, aeronaves, construção naval, métodos da sua produção e transformação; capacidades para combinar teoria e prática para resolver problemas de engenharia relacionados com a escolha de materiais, em função do domínio da sua aplicação e finalidade.

. Objectivos da disciplina:
Os principais objectivos da disciplina são:
- estudo da estrutura, propriedades e aplicações das ligas à base de ferro, titânio, alumínio, magnésio e níquel;
- estudo da influência dos elementos de liga nas propriedades operacionais e tecnológicas das ligas;

- A capacidade de selecionar o material de uma estrutura ou peça em função das características de desempenho exigidas;
- Possuir competências para escolher a tecnologia óptima para o tratamento de metais e ligas.

3. lugar da disciplina na estrutura do programa educativo do ensino superior
A disciplina pertence à parte básica do bloco 1 "Disciplinas (Módulos)" do programa de bacharelato.

4. O licenciado que domine a disciplina deve possuir as seguintes competências
OPK-4 Capacidade de combinar teoria e prática para resolver problemas de engenharia

5. Âmbito da disciplina (indicando a intensidade do trabalho de todos os tipos de trabalho académico)

Tipos de acções de formação	Intensidade total da mão de obra (em horas)	
	Total **ZE** **/hora**	**Semestre** **5**
Intensidade total de mão de obra da disciplina (módulo) em ZE/hora	2 ZE/72.	2 ZE/72.
Trabalho de contacto dos alunos com o professor por tipos de sessões de formação (trabalho na sala de aula), incluindo:	32,3	32,3
Palestras	16	16
Trabalhos de laboratório	-	-
Exercícios práticos	16	16
Trabalhos de curso (consulta, defesa)	-	-
Projeto de curso (consultas, defesa)	-	-
Aconselhamento pré-exame	-	-
Trabalho de contacto no controlo intermédio	0,3	0,3

Trabalho autónomo do estudante (trabalho extracurricular), incluindo:	39,7	39,7
Trabalhar com o material de formação (auto-formação)	39,7	39,7
Projeto de curso (preparação)	-	-
Trabalhos de curso (preparação)	-	-
Preparação para a certificação provisória	-	-
Certificação intermédia		crédito

Criador da RPA: S. Kuryntsev. V., Candidato a Ciências Económicas, Professor Associado, Departamento de MS&PB

B1.B.18 "Resistência dos materiais"

1. objetivo de estudar a disciplina (módulo)
O principal objetivo do estudo desta disciplina, que é um curso introdutório de mecânica dos sólidos deformáveis para engenheiros, é: garantir que os futuros bacharéis aprendam as hipóteses, conceitos, métodos, técnicas e abordagens mais importantes para o estudo da resistência, rigidez e estabilidade das estruturas sob acções estáticas e dinâmicas, necessárias na atividade prática de um especialista na conceção, produção e funcionamento de estruturas de vários fins, equipamento tecnológico, ferramentas e automação; dar

. Objectivos da disciplina:
- preparar-se para resolver problemas complexos de engenharia utilizando a base de conhecimentos das disciplinas de matemática e ciências naturais;
- garantir que os estudantes são capazes de obter, recolher, sistematizar e analisar informações de base para o desenvolvimento de projectos e sistemas de veículos e automóveis;
- preparar o desenvolvimento de documentação técnica de trabalho e a execução de trabalhos de conceção concluídos;
- preparar-se para realizar experiências de acordo com a metodologia indicada e analisar os seus resultados.

3. lugar da disciplina na estrutura do programa educativo do ensino superior
A disciplina pertence à parte básica do bloco 1 "Disciplinas (Módulos)" do programa de bacharelato.

4. O licenciado que domine a disciplina deve possuir as seguintes competências
OPK-3- ter aptidão para aplicar na atividade profissional os conhecimentos fundamentais da matemática, das ciências naturais e da engenharia geral
OPK-4 Capacidade de combinar teoria e prática para resolver problemas de engenharia

5. Âmbito da disciplina (indicando a intensidade do trabalho de todos os tipos de trabalho académico)

Tipos de acções de formação	Intensidade total da mão de obra (em horas)		
	Total	**Semestre**	
	ZE /hora	**3**	**4**
Intensidade total de trabalho da disciplina (módulo) em ZE/hora	8 ZE/28 8	4 ZE/14 4.	4 ZE/14 4.
Trabalho de contacto dos alunos com o professor por tipos de sessões de formação (trabalho na sala de aula), incluindo:	*120,8*	*70,4*	*50,4*
Palestras	48	34	16
Trabalhos de laboratório	16		16
Exercícios práticos	50	34	16
Trabalhos de curso (consulta, defesa)	-	-	-
Projeto de curso (consultas, defesa)	-	-	-
Aconselhamento pré-exame	4	2	2
Trabalho de contacto no controlo intermédio	0,8	0,4	0,4
Trabalho independente do aluno (trabalho extracurricular), incluindo:	***167,2***	***73,6***	***93,6***
Trabalhar com o material de formação (auto-formação)	100	40	60
Projeto de curso (preparação)	-	-	-

Trabalhos de curso (preparação)	-	-	-
Preparação para a certificação provisória	67,2	33,6	33,6
Certificação intermédia		exame	exame

Programador da RPA: I.N. Sidorov, Ph.D., Professor, Departamento de TIPMiM, A.I. Kalashnikov, Ph.D., Professor Associado, Departamento de PC.

B1.B.19 Engenharia eléctrica e eletrónica

1. objetivo de estudar a disciplina (módulo)
O objetivo do ensino da disciplina - fornecer informações de base sobre a análise e a síntese dos circuitos eléctricos e magnéticos; - estudar os princípios físicos, as características de base e os circuitos de comutação dos modernos aparelhos de medição eléctrica, máquinas e aparelhos eléctricos, elementos de eletrónica analógica e digital.

2. Objectivos da disciplina:
- fornecer aos alunos conhecimentos sobre os processos e fenómenos físicos que ocorrem nos circuitos eléctricos de corrente contínua e de corrente alternada;
  - fornecer aos alunos conhecimentos sobre o cálculo de circuitos eléctricos e magnéticos utilizando aparelhos matemáticos modernos e tecnologia informática;
  - dar aos alunos conhecimentos sobre a finalidade, o princípio de funcionamento e as características de base dos transformadores monofásicos e trifásicos, das máquinas síncronas e assíncronas de corrente alternada e das máquinas de coletor de corrente contínua;
  - dar aos alunos conhecimentos sobre a finalidade, o princípio de funcionamento e as características básicas dos elementos e unidades da eletrónica: transístores, díodos, tirístores, condensadores, resistências, amplificadores operacionais, comparadores, elementos lógicos.
  - dar aos alunos os conhecimentos necessários para elaborar esquemas de nós básicos da eletrónica analógica (estágios amplificadores, estabilizadores, circuitos de chave, etc.) e de circuitos lógicos combinacionais simples.

3. lugar da disciplina na estrutura do programa educativo do ensino superior
A disciplina pertence à parte básica do bloco 1 "Disciplinas (Módulos)" do programa de bacharelato.

4. O licenciado que domine a disciplina deve possuir as seguintes competências

OK-9 disponibilidade para utilizar métodos básicos de proteção do pessoal da produção e da população contra possíveis consequências de acidentes, catástrofes e desastres naturais

OPK-3- ter aptidão para aplicar na atividade profissional os conhecimentos fundamentais da matemática, das ciências naturais e da engenharia geral

5. Âmbito da disciplina (indicando a intensidade do trabalho de todos os tipos de trabalho académico)

Tipos de acções de formação	Intensidade total da mão de obra (em horas)	
	Total ZE /hora	**Semestre**
		5
Intensidade total de mão de obra da disciplina (módulo) em ZE/hora	**4/144**	**144**
Trabalho de contacto dos alunos com o professor por tipos de sessões de formação (trabalho na sala de aula), incluindo:	50,4	50,4
Palestras	34	34
Trabalhos de laboratório	-	-
Exercícios práticos	16	16
Trabalhos de curso (consulta, defesa)	-	-
Projeto de curso (consultas, defesa)	-	-
Aconselhamento pré-exame	2,0	2,0
Trabalho de contacto no controlo intermédio	0,4	0,4
Trabalho autónomo do estudante (trabalho extracurricular), incluindo:	93,6	93,6
Trabalhar com o material de formação (auto-formação)	60	60
Projeto de curso (preparação)	-	-
Trabalhos de curso (preparação)	-	-
Preparação para a certificação provisória	33,6	33,6
Certificação intermédia	**Exame**	**Exame**

Programador RPA: I.R. Nizameev, Professor Associado, Departamento de STEVE, KNITU-KAI, N.S. Shakirzyanova, Candidato a Ciências Técnicas, Professor Associado, Candidato a Ciências Técnicas, Professor Associado, Departamento de EE.

B1.B.01 "Educação física e desporto" (disciplina electiva)

1. objetivo de estudar a disciplina (módulo)
O objetivo da educação física dos alunos do KNITU-KAI é a formação da cultura física pessoal, a preservação e o reforço da saúde, a preparação psicofísica para futuras actividades sociais e profissionais, a inclusão num estilo de vida saudável, o auto-aperfeiçoamento físico sistemático.
2. Objectivos da disciplina:
1. determinar o papel da cultura física no desenvolvimento da personalidade e na sua preparação para a atividade socioprofissional;
2. estudar os fundamentos científicos e práticos da educação física e dos estilos de vida saudáveis;
3. Formar nos alunos uma atitude motivadora e valorativa em relação à cultura física, uma atitude em relação a um estilo de vida saudável, ao auto-aperfeiçoamento físico e à autoeducação, à necessidade de praticar regularmente exercício físico e desporto;
4. Adquirir competências e aptidões práticas para assegurar a preservação e a promoção da saúde, o bem-estar mental, o desenvolvimento e a melhoria das capacidades psicofísicas e dos traços de personalidade, a autodeterminação na cultura física;
5. Proporcionar uma preparação física geral e profissional aplicada que determine a aptidão psicofísica dos estudantes para a sua futura profissão;
6. Adquirir experiência de utilização criativa da cultura física e das actividades desportivas para atingir objectivos de vida e profissionais.

3. lugar da disciplina na estrutura do programa educativo do ensino superior
A disciplina "Cultura Física e Desporto" (disciplina electiva) é uma continuação da disciplina "Cultura Física e Desporto".
Destina-se a dominar com êxito outras disciplinas académicas, a resolver tarefas educativas, de desenvolvimento, de educação e de melhoria da saúde, garantindo a preparação global de um indivíduo.
4. O licenciado que domine a disciplina deve possuir as seguintes competências

OK - 8 Capacidade de utilizar os métodos e meios da cultura física para assegurar uma atividade social e profissional de pleno direito

5. Âmbito da disciplina (indicando a intensidade do trabalho de todos os tipos de trabalho académico)

Tipos de acções de formação	Intensidade total da mão de obra (em horas)					
	Total ZE /hora	Semestre				
		1	2	3	4	5
Intensidade total de mão de obra da disciplina (módulo) em ZE/hora	**328**	54	72	72	72	58
Trabalho de contacto dos alunos com o professor por tipos de sessões de formação (trabalho na sala de aula), incluindo:						
Palestras						
Trabalhos de laboratório						
Exercícios práticos	289,5	50	68	68	68	34
Trabalhos de curso (consulta, defesa)	-	-	-	-		
Projeto de curso (consultas, defesa)	-	-	-	-		
Aconselhamento pré-exame						
Trabalho de contacto no controlo intermédio						
Trabalho independente do aluno (trabalho extracurricular), incluindo:						
Trabalhar com o material de formação (auto-formação)	38,5	3,7	3,7	3,7	3,7	23,7

Projeto de curso (preparação)	-	-	-	-		
Trabalhos de curso (preparação)	-	-	-	-		
Preparação para a certificação provisória	1,5	0,3	0,3	0,3	0,3	0,3
Certificação intermédia		crédito	crédito	crédito	crédito	crédito

Criador da RPA: E.R. Galimov, Ph.D. E.R. Galimov, Ph.D., Professor, Department of MS&PB, R.A. Yusupov, Ph.

B1.B.02 "Introdução à atividade profissional"

1. objetivo de estudar a disciplina (módulo)
O objetivo da formação é formar os conhecimentos dos estudantes sobre os fundamentos da ciência dos materiais e os domínios de atividade de uma licenciatura a tempo inteiro de acordo com o perfil "Ciência dos Materiais e Tecnologia dos Materiais", incluindo a consideração do desenvolvimento da ciência dos materiais no contexto histórico, revelando, através da especificidade do objeto e do tema de estudo, a individualidade desta disciplina científica e académica, os objectos, as áreas e os tipos de atividade profissional do licenciado.

2. Objectivos da disciplina:
- Familiarização com a história e as principais etapas de desenvolvimento da ciência dos materiais;
- familiarização com as teorias modernas da estrutura dos materiais não metálicos e metálicos, métodos de estudo da sua estrutura e propriedades;
- familiarização com os conceitos, termos e definições básicos da ciência dos materiais;
- familiarização com os principais grupos de materiais tradicionais e modernos com diferentes objectivos funcionais utilizados na tecnologia moderna;
- Familiarização com os principais parâmetros utilizados para avaliar as propriedades dos materiais;
- Familiarização com as principais direcções da regulação da estrutura e do complexo de propriedades técnicas dos materiais para a criação de materiais de perspetiva com propriedades especificadas.
3. lugar da disciplina na estrutura do programa educativo do ensino superior

A disciplina "Introdução à Atividade Profissional" faz parte da parte Variativa do bloco B1 "Disciplinas (Módulos)" do curso de licenciatura.

4. O licenciado que domine a disciplina deve possuir as seguintes competências
PC-2- Capacidade de recolher dados, estudar, analisar e resumir informações científicas e técnicas sobre o tema da investigação, desenvolvimento e utilização de documentação técnica, documentos normativos de base sobre questões de propriedade intelectual, preparação de documentos para registo de patentes, registo de know-how.
PC-8- Capacidade para cumprir os requisitos básicos de gestão de escritório em matéria de registos e protocolos; elaborar a documentação técnica de projeto e de trabalho em conformidade com os documentos normativos

5. Âmbito da disciplina (indicando a intensidade do trabalho de todos os tipos de trabalho académico)

Tipos de acções de formação	Intensidade total da mão de obra (em horas)		
	Total	**Semestre**	
	ZE /hora	**1**	
Intensidade total de mão de obra da disciplina (módulo) em ZE/hora	2ZE/72.	2ZE/72.	
Trabalho de contacto dos alunos com o professor por tipos de sessões de formação (trabalho na sala de aula), incluindo:	*16,3*	*16,3*	
Palestras	16	16	
Trabalhos de laboratório	-	-	
Exercícios práticos	-	-	
Trabalhos de curso (consulta, defesa)	-	-	
Projeto de curso (consultas, defesa)	-	-	
Aconselhamento pré-exame	-	-	
Trabalho de contacto no controlo intermédio	0,3	0,3	

Trabalho autónomo do estudante (trabalho extracurricular), incluindo:	55,7	55,7	
Trabalhar com o material de formação (auto-formação)	55,7	55,7	
Projeto de curso (preparação)	-	-	
Trabalhos de curso (preparação)	-	-	
Preparação para a certificação provisória	-	-	
Certificação intermédia		crédito	

Criador da RPA: E.R. Galimov, Ph.D. E.R. Galimov, Doutor em Ciências Técnicas, Professor, Departamento de MS&PS, P.B. Shibaev, Candidato a Ciências Técnicas, Professor Associado, Departamento de MS&PS

B1.B.03 "Ciência dos materiais. Tecnologia de materiais estruturais"

1. objetivo de estudar a disciplina (módulo)
O objetivo da formação é formar os conhecimentos fundamentais dos alunos sobre a natureza e as propriedades dos materiais, sobre a dependência das suas propriedades em relação à composição e à estrutura, sobre as regularidades das transformações nos metais e ligas em várias condições termofísicas e processos que ocorrem nos materiais sob carga para formar competências de escolha cientificamente justificada de materiais, aplicação de métodos altamente eficazes do seu processamento e utilização proposital em estruturas com um elevado grau de fiabilidade e durabilidade.
2. Objectivos da disciplina:
- Estudo da essência física dos fenómenos que ocorrem nos materiais nas fases de formação da estrutura e das propriedades, incluindo as condições termodinâmicas das transformações e o comportamento dos metais e ligas sob carga;

- Estudo da teoria da estrutura das ligas, métodos de estudo da estrutura e diagramas de estado das ligas;

- Conhecer os parâmetros básicos utilizados para avaliar as propriedades dos materiais modernos, a fim de efetuar uma escolha informada dos materiais para um determinado fim;

- Familiarizar-se com as perspectivas de criação e utilização de novos materiais em ligação com os domínios mais importantes do desenvolvimento das indústrias de base;

- Conhecer os padrões de composição, estrutura e propriedades dos materiais.

- Estudo dos métodos modernos de moldagem de peças e partes de diversos materiais.

- Conhecer os fundamentos dos processos tecnológicos de fundição, OMD, soldadura, conformação de metais e outros processos de processamento e tratamento de materiais estruturais, proporcionando elevada fiabilidade e durabilidade dos equipamentos. Lugar da disciplina na estrutura do programa de ensino: a disciplina "Ciência dos Materiais. Tecnologia dos materiais estruturais" faz parte do ciclo variável.

3. lugar da disciplina na estrutura do programa educativo do ensino superior
A disciplina pertence à parte variável formada pelos participantes das relações educativas, Bloco 1. Disciplinas (módulos) do programa educativo e é uma disciplina optativa, aprofundando o domínio do perfil

4. O licenciado que domine a disciplina deve possuir as seguintes competências
PC-5- Aptidão para efetuar pesquisas e ensaios complexos no estudo de materiais e produtos, incluindo normas e certificação, processos da sua produção, transformação e modificação.
PC-9- disponibilidade para participar no desenvolvimento de processos tecnológicos de produção e transformação de revestimentos, materiais e produtos deles derivados, sistemas de controlo de processos tecnológicos

5. Âmbito da disciplina (indicando a intensidade do trabalho de todos os tipos de trabalho académico)

Tipos de acções de formação	Intensidade total da mão de obra (em horas)		
	Total	Semestre	
	ZE /hora	3	4
Intensidade total de mão de obra da disciplina (módulo) em ZE/hora	8 ZE/28 8	4 ZE/14 4.	4 ZE/14 4.
Trabalho de contacto dos alunos com o professor por tipos de sessões de	*104,8*	*52,4*	*52,4*

formação (trabalho na sala de aula), _incluindo:_			
Palestras	68	34	34
Trabalhos de laboratório	-	-	-
Exercícios práticos	32	16	16
Trabalhos de curso (consulta, defesa)	-	-	-
Projeto de curso (consultas, defesa)	-	-	-
Aconselhamento pré-exame	4	2	2
Trabalho de contacto no controlo intermédio	0,8	0,4	0,4
Trabalho independente do estudante (trabalho extracurricular), incluindo:	*183,2*	*91,6*	*91,6*
Trabalhar com o material de formação (auto-formação)	116	58	58
Projeto de curso (preparação)	-	-	-
Trabalhos de curso (preparação)	-	-	-
Preparação para a certificação provisória	67,2	33,6	33,6
Certificação intermédia		exame	exame

Programador de RPA: R.S. Davletbaev, Doutor em Ciências Técnicas, Professor, Departamento de MS&PB, F.N. Kurtayeva, Candidato a Ciências Técnicas, Professor Associado, Departamento de MS&PB.

B1.V.04 "Físico-Química"

1. objetivo de estudar a disciplina (módulo)
formação do pensamento físico e químico, competências de análise teórica de cálculos tecnológicos, capacidade de abstração e de construção de modelos matemáticos de processos reais com diferentes graus de aproximação, uma vez que qualquer tecnologia química é essencialmente uma secção aplicada da físico-química.
2. Objectivos da disciplina:
fornecer conceitos e ideias fundamentais sobre a teoria dos processos químicos, um sistema de conhecimento geral das regularidades da interação química;
- ensinar os estudantes a utilizar os métodos experimentais físico-químicos modernos de base para a investigação e o controlo dos processos químicos

3. lugar da disciplina na estrutura do programa educativo do ensino superior

A disciplina pertence à parte formada pelos participantes das relações educativas, Bloco 1. Disciplinas (módulos) do programa de ensino e é uma disciplina electiva que determina o seu conteúdo temático e a sua orientação.

4. O licenciado que domine a disciplina deve possuir as seguintes competências

PC-4- Capacidade de utilizar na investigação e nos cálculos conhecimentos sobre os métodos de investigação, de análise, de diagnóstico e de modelização das propriedades das substâncias (materiais), dos processos físicos e químicos que ocorrem nos materiais durante a sua obtenção, transformação e modificação.

5. Âmbito da disciplina (indicando a intensidade do trabalho de todos os tipos   de   trabalho académico)

Tipos de acções de formação	Intensidade total da mão de obra (em horas)	
	Total ZE /hora	Semestre
		2
Intensidade total de mão de obra da disciplina (módulo) em ZE/hora	2ZE/72.	72
Trabalho de contacto dos alunos com o professor por tipos de sessões de formação (trabalho na sala de aula), incluindo:	32,3	32,3
Palestras	16	16
Trabalhos de laboratório	16	16
Exercícios práticos	-	-
Trabalhos de curso (consulta, defesa)	-	-
Projeto de curso (consultas, defesa)	-	-
Aconselhamento pré-exame	-	-
Trabalho de contacto no controlo intermédio	0,3	0,3
Trabalho autónomo do estudante (trabalho extracurricular), incluindo:	39,7	39,7
Trabalhar com o material de formação (auto-formação)	39,7	39,7

Projeto de curso (preparação)	-	-
Trabalhos de curso (preparação)	-	-
Preparação para a certificação provisória	-	-
Certificação intermédia	crédito	crédito

Criador da RPA: V.A. Morozov, Professor Associado, Departamento de Tecnologia Química e Novos Materiais, Universidade Estatal de Moscovo Lomonosov, I.G. Grigorieva, Professor Associado, Departamento de Tecnologia Química e Novos Materiais, KNITU-KAI. Departamento de Tecnologia Química e Novos Materiais, KNITU-KAI

B1.V.05 "Química Orgânica"

1. objetivo de estudar a disciplina (módulo)
O objetivo do domínio da disciplina "Química Orgânica" é formar nos alunos conhecimentos fundamentais sobre a natureza e as propriedades dos materiais orgânicos poliméricos utilizados para tarefas polivalentes, sobre os processos físicos e químicos que ocorrem nos materiais durante a sua produção, transformação e modificação; capacidade de os utilizar em investigação e cálculos; capacidade de escolher materiais tendo em conta os requisitos de fiabilidade e respeito pelo ambiente.
2. Objectivos da disciplina:
- categorização da matéria orgânica
- ser capaz de identificar substâncias orgânicas pela sua estrutura;
- estudo das regularidades da relação funcional "estrutura - propriedade";
- Estudar os princípios químicos subjacentes aos processos tecnológicos;
- ser capaz de escrever reacções químicas de substâncias de natureza orgânica;
- Conhecer os métodos de criação e de modificação dos materiais;
- fazer uma escolha óptima das matérias-primas químicas para a produção de materiais de acordo com as suas propriedades e finalidade;
- capacidade de aplicar os conhecimentos teóricos nas actividades profissionais e práticas de um especialista.
3. lugar da disciplina na estrutura do programa educativo do ensino superior
A disciplina pertence à parte formada pelos participantes das relações educativas, Bloco 1. Disciplinas (módulos) do programa de ensino e é uma disciplina electiva que determina o seu conteúdo temático e a sua orientação.

4. O licenciado que domine a disciplina deve possuir as seguintes competências

PC-4- Capacidade de utilizar na investigação e nos cálculos conhecimentos sobre os métodos de investigação, de análise, de diagnóstico e de modelização das propriedades das substâncias (materiais), dos processos físicos e químicos que ocorrem nos materiais durante a sua obtenção, transformação e modificação.

PC-11- Capacidade de aplicar os conhecimentos sobre os principais tipos de materiais inorgânicos e orgânicos modernos, os princípios de seleção de materiais para determinadas condições de funcionamento, tendo em conta as exigências de fabrico, a relação custo-eficácia, a fiabilidade e a durabilidade, as consequências ambientais da sua aplicação na conceção de processos de alta tecnologia

5. Âmbito da disciplina (indicando a intensidade do trabalho de todos os tipos de trabalho académico)

Tipos de acções de formação	Intensidade total da mão de obra (em horas)	
	Total ZE /hora	Semestre 5
Intensidade total de mão de obra da disciplina (módulo) em ZE/hora	2 ZE/72.	2 ZE/72.
Trabalho de contacto dos alunos com o professor por tipos de sessões de formação (trabalho na sala de aula), incluindo:	*32,3*	*32,3*
Palestras	16	16
Trabalhos de laboratório	-	-
Exercícios práticos	16	16
Trabalhos de curso (consulta, defesa)	-	-
Projeto de curso (consultas, defesa)	-	-
Aconselhamento pré-exame	-	-
Trabalho de contacto no controlo intermédio	0,3	0,3
Trabalho autónomo do estudante (trabalho extracurricular), incluindo:	*39,7*	*39,7*

Trabalhar com o material de formação (auto-formação)	39,7	39,7
Projeto de curso (preparação)	-	-
Trabalhos de curso (preparação)	-	-
Preparação para a certificação provisória	-	-
Certificação intermédia		crédito

Criador da RPA: E.R. Galimov, Doutor em Ciências Técnicas, Professor, Departamento de MS&PS da KNITU-KAI, V.I. Treskova, Candidata a Ciências Químicas.

B1.B.06 "Química Analítica"

1. objetivo de estudar a disciplina (módulo)
O objetivo do estudo da disciplina "Química Analítica" é a aquisição e a formação de conhecimentos, competências e aptidões dos futuros bacharéis no domínio da aplicação de métodos, meios e metodologia geral de obtenção de informações sobre a composição e a natureza das substâncias
2. Objectivos da disciplina:
-Compreender   os conceitos básicos da química analítica e o seu lugar no sistema das ciências;
-Conhecer os   métodos de identificação das substâncias (análise qualitativa);
-Conhecer os   métodos de análise quantitativa: análise química, físico-química e física;
-Aprender a base metrológica da análise.

3. lugar da disciplina na estrutura do programa educativo do ensino superior
A disciplina "Química Analítica" pertence à parte variativa das disciplinas (módulos) do ciclo B.1 do currículo, é uma disciplina electiva que determina o seu conteúdo temático - orientação.

4. O licenciado que domine a disciplina deve possuir as seguintes competências

PC-4- Capacidade de utilizar na investigação e nos cálculos conhecimentos sobre os métodos de investigação, de análise, de diagnóstico e de modelização das propriedades das substâncias (materiais), dos processos físicos e químicos que ocorrem nos materiais durante a sua obtenção, transformação e modificação.

5. Âmbito da disciplina (indicando a intensidade do trabalho de todos os tipos   de   trabalho académico)

Tipos de acções de formação	Intensidade total da mão de obra (em horas)	
	Total de horas (ZE)	Semestre 5
Intensidade total de trabalho da disciplina em ZE/hora	3 ZE/108	3 ZE/108
Trabalho de contacto dos alunos com o professor por tipos de sessões de formação (trabalho na sala de aula), incluindo:	*34,4*	*34,4*
Palestras	16	16
Trabalhos de laboratório	16	16
Exercícios práticos	-	-
Trabalho de contacto no controlo intermédio	2,4	2,4
Trabalho autónomo do estudante (trabalho extracurricular), incluindo:	*73,6*	*73,6*
Trabalhar com o material de formação (auto-formação)	40	40
Preparação para a certificação provisória	33,6	33,6
Certificação intermédia		exame

Criador da RPA: R.S. Davletbaev, Ph.D.

B1.V.07 "Química física dos materiais"

1. objetivo de estudar a disciplina (módulo)
O objetivo do estudo da disciplina é formar os conhecimentos dos alunos sobre as regularidades da influência da composição química, da estrutura, da fase e dos estados físicos das substâncias no complexo das propriedades operacionais dos produtos que lhes servem de base.

2. Objectivos da disciplina:
-Os principais   objectivos do domínio da disciplina são
      -Domínio teórico e prático aprofundado   dos conceitos básicos de composição e estrutura, estrutura geométrica e de fases de matrizes inorgânicas e orgânicas e de materiais de reforço ao nível dos átomos, ligações, moléculas, redes atómicas e moleculares, fases amorfas e cristalinas;
-Conhecer os princípios da criação dirigida e da regulação da sua estrutura de fases e da interação dos componentes e das fases na interface;
-Análise da influência da natureza e das propriedades dos componentes (fases), das suas fracções volumétricas e do seu carácter de distribuição (estrutura das fases), bem como da interação na interface, sobre as propriedades físico-químicas e físico-mecânicas de base e outras propriedades operacionais dos materiais.

3. lugar da disciplina na estrutura do programa educativo do ensino superior
A disciplina "Físico-Química dos Materiais" pertence à parte variante das disciplinas (módulos) do ciclo B.1 do currículo, é uma disciplina electiva que determina o seu conteúdo temático - orientação.

4. O licenciado que domine a disciplina deve possuir as seguintes competências
PC-4- Capacidade de utilizar na investigação e nos cálculos conhecimentos sobre os métodos de investigação, de análise, de diagnóstico e de modelização das propriedades das substâncias (materiais), dos processos físicos e químicos que ocorrem nos materiais durante a sua obtenção, transformação e modificação.
PC-6 Capacidade de utilizar na prática ideias modernas sobre a influência da microestrutura e da nanoestrutura nas propriedades dos materiais, a sua interação com o ambiente, os campos, as partículas e a radiação.

5. Âmbito da disciplina (indicando a intensidade do trabalho de todos os tipos   de   trabalho académico)

Tipos de acções de formação	Intensidade total da mão de obra (em horas)		
	Total de horas (ZE)	Semestre	
		5	7

Intensidade total de trabalho da disciplina em ZE/hora	7 ZE/25 2.	3 ZE/10 8	4 ZE/144 .
Trabalho de contacto dos alunos com o professor por tipos de sessões de formação (trabalho na sala de aula), incluindo:	*98,7*	*48,3*	*50,4*
Palestras	32	16	16
Trabalhos de laboratório	32	16	16
Exercícios práticos	32	16	16
Aconselhamento pré-exame	2		2
Trabalho de contacto no controlo intermédio	0,7	0,3	0,4
Trabalho autónomo do estudante (trabalho extracurricular), incluindo:	*153,3*	*59,7*	*93,6*
Trabalhar com o material de formação (auto-formação)		59,7	60
Projeto de curso (preparação)	-	-	-
Trabalhos de curso (preparação)	-	-	-
Preparação para a certificação provisória	33,6		33,6
Certificação intermédia			exame

Programador da RPA: R.S. Davletbaev, Doutor em Ciências Químicas, Professor, Departamento de MS&PS, K.A. Andrianova, Candidato a Ciências Técnicas, Professor Associado, Departamento de PLA.

B.1.V.08_"Diagnóstico e garantia de segurança dos processos e equipamentos tecnológicos"
1. objetivo de estudar a disciplina (módulo)
O objetivo da formação é formar os futuros bacharéis académicos na compreensão da unidade inseparável de uma atividade profissional eficaz com os requisitos de segurança e proteção humana. A realização destes requisitos garante a preservação da capacidade de trabalho dos processos tecnológicos, equipamentos e segurança da saúde humana, prepara-o para acções em condições extremas, e também a formação de competências no domínio da utilização de métodos de diagnóstico do equipamento e no domínio das questões de segurança industrial nas empresas.
2. Objectivos da disciplina:
    --Investigação   e criação de um estado de habitat confortável (normativo) nos domínios da atividade laboral humana e do lazer;

-Possuir   tecnologias de avaliação do estado por métodos de diagnóstico;

-Conhecimento da identificação dos impactos negativos do habitat de origem natural, artificial e antropogénica;

- Ser capaz de   prever a evolução dos impactos negativos sobre o homem e o ambiente, a avaliação e a gestão dos riscos.

-Ser capaz de   desenvolver e aplicar medidas para proteger os seres humanos e o ambiente dos impactos negativos;

-Ser capaz de   conceber técnicas de diagnóstico de processos tecnológicos e de objectos económicos em conformidade com as exigências de segurança e de respeito pelo ambiente;

-Domínio dos   métodos de determinação das zonas de risco tecnogénico acrescido, seleção do sistema de proteção das pessoas durante o funcionamento de certos tipos de equipamentos tecnológicos e de processos de produção.

-Garantir a   estabilidade do funcionamento das instalações e dos sistemas técnicos em situações normais e de emergência;

Capacidade de tomar decisões sobre a proteção do pessoal de produção e da população contra as possíveis consequências de acidentes, catástrofes, desastres naturais e utilização de meios modernos de derrota, bem como de tomar medidas para eliminar as suas consequências; Lugar da disciplina na estrutura do programa de ensino: a disciplina "Diagnóstico e garantia da segurança dos processos e equipamentos tecnológicos" faz parte do ciclo variável.

3. lugar da disciplina na estrutura do programa educativo do ensino superior

A disciplina pertence à parte variativa das disciplinas (módulos) do ciclo B.1 do currículo, é uma disciplina electiva, determinando o seu conteúdo temático - orientação.

4. O licenciado que domine a disciplina deve possuir as seguintes competências

PC-10- Capacidade de avaliar a qualidade dos materiais em condições de produção na fase de testes-piloto e de implementação.

5. Âmbito da disciplina (indicando a intensidade do trabalho de todos os tipos   de   trabalho académico)

	Intensidade total da mão de obra (em horas)	
Tipos de acções de formação		Semestre

	Total ZE /hora	7
Intensidade total de mão de obra da disciplina (módulo) em ZE/horas	2 ZE/72.	2 ZE/72.
Trabalho de contacto dos alunos com o professor por tipos de sessões de formação (trabalho na sala de aula), incluindo:	*16,3*	*16,3*
Palestras	16	16
Trabalhos de laboratório	-	-
Exercícios práticos	-	-
Trabalhos de curso (consulta, defesa)	-	-
Projeto de curso (consultas, defesa)	-	-
Aconselhamento pré-exame	-	-
Trabalho de contacto no controlo intermédio	0,8	0,3
Trabalho autónomo do estudante (trabalho extracurricular), incluindo:	*55,7*	*55,7*
Trabalhar com o material de formação (auto-formação)	-	-
Projeto de curso (preparação)	-	-
Trabalhos de curso (preparação)	-	-
Preparação para a certificação provisória	-	-
Certificação intermédia		crédito

Programador da RPA: E.R. Galimov, Doutor em Ciências Técnicas, Professor, Departamento de MS&PS da KNITU-KAI, V.Y. Vinogradov, Candidato a Ciências Técnicas, Professor Associado, Departamento de MS&PS.

B.1.V.08_"Diagnóstico e garantia de segurança dos processos e equipamentos tecnológicos"
1. objetivo de estudar a disciplina (módulo)

O objetivo da formação é formar os futuros bacharéis académicos na compreensão da unidade inseparável de uma atividade profissional eficaz com os requisitos de segurança e proteção humana. A realização destes requisitos garante a preservação da capacidade de trabalho dos processos tecnológicos, equipamentos e segurança da saúde humana, prepara-o para acções em condições extremas, e também a formação de competências no domínio da utilização de métodos de diagnóstico do equipamento e no domínio das questões de segurança industrial nas empresas.

2. Objectivos da disciplina:

--Investigação e criação de um estado de habitat confortável (normativo) nos domínios da atividade laboral humana e do lazer;

-Possuir tecnologias de avaliação do estado por métodos de diagnóstico;

-Conhecimento da identificação dos impactos negativos do habitat de origem natural, artificial e antropogénica;

- Ser capaz de prever a evolução dos impactos negativos sobre o homem e o ambiente, a avaliação e a gestão dos riscos.

-Ser capaz de desenvolver e aplicar medidas para proteger os seres humanos e o ambiente dos impactos negativos;

-Ser capaz de conceber técnicas de diagnóstico de processos tecnológicos e de objectos económicos em conformidade com as exigências de segurança e de respeito pelo ambiente;

-Domínio dos métodos de determinação das zonas de risco tecnogénico acrescido, seleção do sistema de proteção das pessoas durante o funcionamento de certos tipos de equipamentos tecnológicos e de processos de produção.

-Garantir a estabilidade do funcionamento das instalações e dos sistemas técnicos em situações normais e de emergência;

Capacidade de tomar decisões sobre a proteção do pessoal de produção e da população contra as possíveis consequências de acidentes, catástrofes, desastres naturais e utilização de meios modernos de derrota, bem como de tomar medidas para eliminar as suas consequências; Lugar da disciplina na estrutura do programa de ensino: a disciplina "Diagnóstico e garantia da segurança dos processos e equipamentos tecnológicos" faz parte do ciclo variável.

3. lugar da disciplina na estrutura do programa educativo do ensino superior

A disciplina pertence à parte variável das disciplinas (módulos) do ciclo B.1 do currículo, é uma disciplina electiva que determina o seu conteúdo temático - orientação.

4. O licenciado que domine a disciplina deve possuir as seguintes competências

PC-10- Capacidade de avaliar a qualidade dos materiais em condições de produção na fase de testes-piloto e de implementação.

5. Âmbito da disciplina (indicando a intensidade do trabalho de todos os tipos de trabalho académico)

Tipos de acções de formação	Intensidade total da mão de obra (em horas)	
	Total	Semestre
	ZE /hora	7
Intensidade total de mão de obra da disciplina (módulo) em ZE/hora	2 ZE/72.	2 ZE/72.
Trabalho de contacto dos alunos com o professor por tipos de sessões de formação (trabalho na sala de aula), incluindo:	*16,3*	*16,3*
Palestras	16	16
Trabalhos de laboratório	-	-
Exercícios práticos	-	-
Trabalhos de curso (consulta, defesa)	-	-
Projeto de curso (consultas, defesa)	-	-
Aconselhamento pré-exame	-	-
Trabalho de contacto no controlo intermédio	0,8	0,3
Trabalho autónomo do estudante (trabalho extracurricular), incluindo:	*55,7*	*55,7*
Trabalhar com o material de formação (auto-formação)	-	-
Projeto de curso (preparação)	-	-
Trabalhos de curso (preparação)	-	-
Preparação para a certificação provisória	-	-
Certificação intermédia		crédito

Programador da RPA: E.R. Galimov, Doutor em Ciências Técnicas, Professor, Departamento de MS&PS da KNITU-KAI, V.Y. Vinogradov,

Candidato a Ciências Técnicas, Professor Associado, Departamento de MS&PS.

B1.V.DV.02.01 "Teoria das ligas metálicas"

1. objetivo de estudar a disciplina (módulo)
O objetivo da formação é formar os conhecimentos fundamentais dos estudantes sobre a natureza, a estrutura e as propriedades dos materiais, sobre as dependências das suas propriedades em relação à composição e à estrutura, sobre as regularidades das transformações dos metais e das ligas em diferentes condições termofísicas e sobre os processos que ocorrem nos materiais sob carga, a fim de formar competências para uma escolha cientificamente fundamentada dos materiais.
2. Objectivos da disciplina:
- estudar a base teórica da cristalização de ligas metálicas;
- estudar a estrutura real e o papel dos defeitos na estrutura cristalina das ligas metálicas;
- padrões básicos de difusão e composição estrutural das ligas;
- bases teóricas da deformação elástica e plástica das ligas metálicas;
- dominar os vários métodos de determinação das propriedades mecânicas dos materiais e a sua certificação e inspeção à chegada;
- estudar os diagramas de estado em relação às ligas estruturais típicas da engenharia de transportes e energia, dominar as competências práticas das regularidades do diagrama de estado - propriedades (de acordo com N.S. Kurnakov) para resolver problemas de comprovação de materiais com propriedades especificadas.

3. lugar da disciplina na estrutura do programa educativo do ensino superior
A disciplina pertence à parte variativa do bloco 1. Disciplinas (módulos) do programa de ensino e é uma disciplina de escolha, aprofundando o domínio do perfil

4. O licenciado que domine a disciplina deve possuir as seguintes competências
PC-4 Capacidade de utilizar na investigação e nos cálculos os conhecimentos sobre os métodos de investigação, de análise, de diagnóstico e de modelização das propriedades das substâncias (materiais), dos processos físicos e químicos que ocorrem nos materiais durante a sua obtenção, transformação e modificação.

PC-5: aptidão para efetuar investigações e testes complexos no estudo de materiais e produtos, incluindo a normalização e a certificação, os seus processos de produção, transformação e modificação

5. Âmbito da disciplina (indicando a intensidade do trabalho de todos os tipos de trabalho académico)

Tipos de acções de formação	Intensidade total do trabalho (por hora)	
	Total de horas (ZE)	Semestre 4
Intensidade total de mão de obra da disciplina (módulo) em ZE/hora	3 ZE/108	3 ZE/108
Trabalho de contacto dos alunos com o professor por tipos de sessões de formação (trabalho na sala de aula), incluindo:	32,3	32,3
Palestras	16	16
Trabalhos de laboratório	16	16
Exercícios práticos	-	-
Trabalhos de curso (consulta, defesa)	-	-
Projeto de curso (consultas, defesa)	-	-
Aconselhamento pré-exame	-	-
Trabalho de contacto no controlo intermédio	0,3	0,3
Trabalho autónomo do estudante (trabalho extracurricular), incluindo:	75,7	75,7
Trabalhar com o material de formação (auto-formação)	75,7	75,7
Projeto de curso (preparação)	-	-
Trabalhos de curso (preparação)	-	-
Preparação para a certificação provisória	-	-
Certificação intermédia	crédito	crédito

Programador da RPA: E.R. Galimov, Doutor em Ciências Técnicas, Professor, Departamento de MS&PS da KNITU-KAI, F.I. Murataev, Candidato a Ciências Técnicas, Professor Associado, Departamento de MS&PS.

B1.V.DV.02.02 "Fundamentos teóricos da metalurgia"

1. objetivo de estudar a disciplina (módulo)
O objetivo da formação é formar os conhecimentos fundamentais dos estudantes sobre a natureza, a estrutura e as propriedades dos materiais, sobre as dependências das suas propriedades em relação à composição e à estrutura, sobre as regularidades das transformações dos metais e das ligas em diferentes condições termofísicas e sobre os processos que ocorrem nos materiais sob carga, a fim de formar competências para uma escolha cientificamente fundamentada dos materiais.

2. Objectivos da disciplina:
- estudar a base teórica da cristalização de ligas metálicas;
- para estudar a estrutura real e o papel dos defeitos na estrutura cristalina das ligas metálicas;
- padrões básicos de difusão e composição estrutural das ligas;
- bases teóricas da deformação elástica e plástica das ligas metálicas;
- dominar os vários métodos de determinação das propriedades mecânicas dos materiais e a sua certificação e inspeção à chegada;
- estudar os diagramas de estado em relação às ligas estruturais típicas da engenharia de transportes e energia, dominar as competências práticas das regularidades do diagrama de estado - propriedades (de acordo com N.S. Kurnakov) para resolver problemas de comprovação de materiais com propriedades especificadas.

3. lugar da disciplina na estrutura do programa educativo do ensino superior
A disciplina pertence à parte variativa do bloco 1. Disciplinas (módulos) do programa de ensino e é uma disciplina de escolha, aprofundando o domínio do perfil

4. O licenciado que domine a disciplina deve possuir as seguintes competências
PC-4 Capacidade de utilizar na investigação e nos cálculos os conhecimentos sobre os métodos de investigação, de análise, de diagnóstico e de modelização das propriedades das substâncias (materiais), dos processos físicos e químicos que ocorrem nos materiais durante a sua obtenção, transformação e modificação.
PC-5 aptidão para efetuar investigações e testes complexos no estudo de materiais e produtos, incluindo os normalizados e os certificados, e dos respectivos processos de produção, transformação e modificação

5. Âmbito da disciplina (indicando a intensidade do trabalho de todos os tipos de trabalho académico)

Tipos de acções de formação	Intensidade total do trabalho (por hora)	
	Total de horas (ZE)	Semestre 4
Intensidade total de mão de obra da disciplina (módulo) em ZE/hora	3 ZE/108	3 ZE/108
Trabalho de contacto dos alunos com o professor por tipos de sessões de formação (trabalho na sala de aula), incluindo:	*32,3*	*32,3*
Palestras	16	16
Trabalhos de laboratório	16	16
Exercícios práticos	-	-
Trabalhos de curso (consulta, defesa)	-	-
Projeto de curso (consultas, defesa)	-	-
Aconselhamento pré-exame	-	-
Trabalho de contacto no controlo intermédio	0,3	0,3
Trabalho autónomo do estudante (trabalho extracurricular), incluindo:	*75,7*	*75,7*
Trabalhar com o material de formação (auto-formação)	75,7	75,7
Projeto de curso (preparação)	-	-
Trabalhos de curso (preparação)	-	-
Preparação para a certificação provisória	-	-
Certificação intermédia	crédito	crédito

Programador da RPA: E.R. Galimov, Doutor em Ciências Técnicas, Professor, Departamento de MS&PS da KNITU-KAI, F.I. Murataev, Candidato a Ciências Técnicas, Professor Associado, Departamento de MS&PS.

B1.V.DV.03.01 "Bases físicas da investigação de materiais não metálicos".

1. objetivo de estudar a disciplina (módulo)

O principal objetivo da disciplina é familiarizar os estudantes com o nível moderno de desenvolvimento das técnicas e tecnologias de investigação, com as possibilidades de vários métodos de investigação, com o seu equipamento e condições de experimentação; formação de competências de avaliação comparativa das possibilidades de diferentes métodos de análise, das suas vantagens e desvantagens para uma escolha razoável do método ideal de investigação deste ou daquele objeto....

2. Objectivos da disciplina:

-Estudo da teoria física dos materiais, métodos de investigação, esquemas e técnicas de experimentação;

-Formação de ideias sobre as possibilidades de utilizar certos métodos de investigação física para resolver problemas inversos, ou seja, para determinar os parâmetros necessários dos objectos de investigação;

-Análise das capacidades dos métodos modernos de investigação física em termos das suas aplicações teóricas e práticas, incluindo as aplicações industriais.

3. lugar da disciplina na estrutura do programa educativo do ensino superior

A disciplina pertence à parte variativa do bloco 1. Disciplinas (módulos) do programa de ensino e é uma disciplina de escolha, aprofundando o domínio do perfil

4. O licenciado que domine a disciplina deve possuir as seguintes competências

PC-6 Capacidade de utilizar na prática ideias modernas sobre a influência da microestrutura e da nanoestrutura nas propriedades dos materiais, a sua interação com o ambiente, os campos, as partículas e a radiação.

5. Âmbito da disciplina (indicando a intensidade do trabalho de todos os tipos de trabalho académico)

Tipos de acções de formação	Intensidade total da mão de obra (em horas)	
	Total de horas (ZE)	Semestre
		5
Intensidade total de trabalho da disciplina em ZE/hora	3 ZE/108	3 ZE/108

Trabalho de contacto dos alunos com o professor por tipos de sessões de formação (trabalho na sala de aula), incluindo:	*48,3*	*48,3*
Palestras	16	16
Trabalhos de laboratório	32	32
Exercícios práticos	-	-
Trabalho de contacto no controlo intermédio	0,3	0,3
Trabalho autónomo do estudante (trabalho extracurricular), incluindo:	*59,7*	*59,7*
Trabalhar com o material de formação (auto-formação)	59,7	59,7
Preparação para a certificação provisória		
Certificação intermédia		crédito

Programador da RPA: R.S. Davletbaev, Doutor em Ciências Químicas, Professor, Departamento de MS&PS da KNITU-KAI

B1.В.ДВ.03.02 "Métodos de investigação de materiais poliméricos"

1. objetivo de estudar a disciplina (módulo)
O principal objetivo da disciplina é familiarizar os estudantes com o nível moderno de desenvolvimento das técnicas e tecnologias de investigação, com as possibilidades de vários métodos de investigação, com o seu equipamento e condições de experimentação; formação de competências de avaliação comparativa das possibilidades de diferentes métodos de análise, das suas vantagens e desvantagens para uma escolha razoável do método ideal de investigação deste ou daquele objeto....
2. Objectivos da disciplina:
-Estudo da teoria física dos materiais, métodos de investigação, esquemas e técnicas de experimentação;
-Formação de   ideias sobre as possibilidades de utilizar certos métodos de investigação física para resolver problemas inversos, ou seja, para determinar os parâmetros necessários dos objectos de investigação;
-Análise das   capacidades dos métodos modernos de investigação física em termos das suas aplicações teóricas e práticas, incluindo as aplicações industriais.
3. lugar da disciplina na estrutura do programa educativo do ensino superior
A disciplina pertence à parte variativa do bloco 1. Disciplinas (módulos) do programa de ensino e é uma disciplina de escolha, aprofundando o domínio do perfil

4. O licenciado que domine a disciplina deve possuir as seguintes competências
PC-6 Capacidade de utilizar na prática ideias modernas sobre a influência da microestrutura e da nanoestrutura nas propriedades dos materiais, a sua interação com o ambiente, os campos, as partículas e a radiação.
5. Âmbito da disciplina (indicando a intensidade do trabalho de todos os tipos de trabalho académico)

Tipos de acções de formação	Intensidade total da mão de obra (em horas)	
	Total de horas (ZE)	Semestre 5
Intensidade total de trabalho da disciplina em ZE/hora	3 ZE/108	3 ZE/108
Trabalho de contacto dos alunos com o professor por tipos de sessões de formação (trabalho na sala de aula), incluindo:	*48,3*	*48,3*
Palestras	16	16
Trabalhos de laboratório	32	32
Exercícios práticos	-	-
Trabalho de contacto no controlo intermédio	0,3	0,3
Trabalho autónomo do estudante (trabalho extracurricular), incluindo:	*59,7*	*59,7*
Trabalhar com o material de formação (auto-formação)	59,7	59,7
Preparação para a certificação provisória		
Certificação intermédia		crédito

Programador da RPA: R.S. Davletbaev, Doutor em Ciências Químicas, Professor, Departamento de MS&PS da KNITU-KAI

B1.V.DV.04.01 "Bases físicas da investigação de materiais metálicos"
1. objetivo de estudar a disciplina (módulo)
O objetivo do estudo da disciplina é formar os conhecimentos dos futuros bacharéis sobre os métodos clássicos e avançados de investigação e determinação da natureza dos materiais metálicos e das suas propriedades, capacidades e competências para aplicar os conhecimentos das ciências naturais e da engenharia no estudo dos materiais a nível micro e nano.

2. Objectivos da disciplina:
- estudo das bases físicas dos métodos de investigação, diagnóstico e ensaio de materiais metálicos;
- Capacidade para selecionar o tipo, o método ou a técnica de investigação de um material metálico, em função da natureza do material e do objeto de investigação;
- Estudo de métodos avançados e modernos de investigação de materiais metálicos.
3. lugar da disciplina na estrutura do programa educativo do ensino superior
A disciplina pertence à parte variativa do bloco 1. Disciplinas (módulos) do programa de ensino e é uma disciplina de escolha, aprofundando o domínio do perfil
4. O licenciado que domine a disciplina deve possuir as seguintes competências
PC-3: aptidão para utilizar métodos de modelização na previsão e otimização de processos tecnológicos e propriedades dos materiais, normalização e certificação de materiais e processos
PC-6 Capacidade de utilizar na prática ideias modernas sobre a influência da microestrutura e da nanoestrutura nas propriedades dos materiais, a sua interação com o ambiente, os campos, as partículas e a radiação
PC-14 aptidão para utilizar os meios técnicos de medição e de controlo necessários para a normalização e a certificação dos materiais e dos processos da sua produção, dos ensaios e dos equipamentos de produção

5. Âmbito da disciplina (indicando a intensidade do trabalho de todos os tipos de trabalho académico)

Tipos de acções de formação	Intensidade total da mão de obra (em horas)	
	Total ZE /hora	Semestre 6
Intensidade total de mão de obra da disciplina (módulo) em ZE/hora	4 ZE/14 4.	4 ZE/144.
Trabalho de contacto dos alunos com o professor por tipos de sessões de formação (trabalho na sala de aula), incluindo:	34,4	34,4
Palestras	16	16
Trabalhos de laboratório	16	16

Exercícios práticos	-	-
Trabalhos de curso (consulta, defesa)	-	-
Projeto de curso (consultas, defesa)	-	-
Aconselhamento pré-exame	2	2
Trabalho de contacto no controlo intermédio	0,4	0,4
Trabalho autónomo do estudante (trabalho extracurricular), incluindo:	109,6	109,6
Trabalhar com o material de formação (auto-formação)	76	76
Projeto de curso (preparação)	-	-
Trabalhos de curso (preparação)	-	-
Preparação para a certificação provisória	33,6	33,6
Certificação intermédia		exame

Programador da RPA: S.V. Kuryntsev, Candidato a Ciências Económicas, Professor Associado, Departamento de MS&PSS, KNITU-KAI

В1.В.ДВ.04.02 "Métodos de investigação de materiais metálicos"

1. objetivo de estudar a disciplina (módulo)

O objetivo do estudo da disciplina é formar os conhecimentos dos futuros bacharéis sobre os métodos clássicos e avançados de investigação e determinação da natureza dos materiais metálicos e das suas propriedades, capacidades e competências para aplicar os conhecimentos das ciências naturais e da engenharia no estudo dos materiais a nível micro e nano.

2. Objectivos da disciplina:

- estudo das bases físicas dos métodos de investigação, diagnóstico e ensaio de materiais metálicos;

- Capacidade para selecionar o tipo, o método ou a técnica de investigação de um material metálico, em função da natureza do material e do objeto de investigação;

- Estudo de métodos avançados e modernos de investigação de materiais metálicos.

3. lugar da disciplina na estrutura do programa educativo do ensino superior

A disciplina pertence à parte variante do bloco 1. Disciplinas (módulos) do programa de ensino e é uma disciplina de escolha, aprofundando o domínio do perfil

4. O licenciado que domine a disciplina deve possuir as seguintes competências

PC-3: aptidão para utilizar métodos de modelização na previsão e otimização de processos tecnológicos e propriedades dos materiais, normalização e certificação de materiais e processos

PC-6 Capacidade de utilizar na prática ideias modernas sobre a influência da microestrutura e da nanoestrutura nas propriedades dos materiais, a sua interação com o ambiente, os campos, as partículas e a radiação

PC-14 aptidão para utilizar os meios técnicos de medição e de controlo necessários para a normalização e a certificação dos materiais e dos processos da sua produção, dos ensaios e dos equipamentos de produção

5. Âmbito da disciplina (indicando a intensidade do trabalho de todos os tipos de trabalho académico)

Tipos de acções de formação	Intensidade total da mão de obra (em horas)	
	Total **ZE** **/hora**	**Semestre** **6**
Intensidade total de mão de obra da disciplina (módulo) em ZE/hora	4 ZE/14 4.	4 ZE/144.
Trabalho de contacto dos alunos com o professor por tipos de sessões de formação (trabalho na sala de aula), incluindo:	34,4	34,4
Palestras	16	16
Trabalhos de laboratório	16	16
Exercícios práticos	-	-
Trabalhos de curso (consulta, defesa)	-	-
Projeto de curso (consultas, defesa)	-	-
Aconselhamento pré-exame	2	2
Trabalho de contacto no controlo intermédio	0,4	0,4
Trabalho autónomo do estudante (trabalho extracurricular), incluindo:	109,6	109,6
Trabalhar com o material de formação (auto-formação)	76	76
Projeto de curso (preparação)	-	-
Trabalhos de curso (preparação)	-	-
Preparação para a certificação provisória	33,6	33,6
Certificação intermédia		exame

Programador da RPA: S.V. Kuryntsev, Candidato a Ciências Económicas, Professor Associado, Departamento de MS&PSS, KNITU-KAI

B1.B.ДB.05.01 "Análise metalográfica em condições de produção"
1. objetivo de estudar a disciplina (módulo)
O principal objetivo da disciplina é formar competências e aptidões para o estudo experimental da estrutura e das propriedades dos materiais, para utilizar na prática ideias modernas sobre a influência da microestrutura e da nanoestrutura nas propriedades dos materiais.
2. Objectivos da disciplina:
- desenvolvimento dos conhecimentos dos alunos sobre a estrutura real dos materiais metálicos, a sua relação com os diagramas de equilíbrio de fases e os tipos de tratamento térmico;
- domínio pelos estudantes dos métodos de microscopia ótica a nível macro e meso;
- domínio da análise metalográfica dos aços ao carbono e dos aços ligados de diferentes classes estruturais;
- dominar a análise de fratura para determinar as causas da falha estrutural.
- domínio dos conceitos e termos básicos relacionados com a microscopia eletrónica;
- familiarização com o aparelho de um microscópio eletrónico normal
- estudo dos princípios da ótica eletrónica robótica.
3. lugar da disciplina na estrutura do programa educativo do ensino superior
A disciplina pertence à parte variativa do bloco 1. Disciplinas (módulos) do programa de ensino e é uma disciplina de escolha, aprofundando o domínio do perfil
4. O licenciado que domine a disciplina deve possuir as seguintes competências
PC 6 - Capacidade de utilizar na prática ideias modernas sobre a influência da micro e nanoestrutura nas propriedades dos materiais, a sua interação com o ambiente, os campos, as partículas e a radiação.
PC-14 - aptidão para utilizar os meios técnicos de medição e de controlo necessários para a normalização e a certificação dos materiais e dos processos da sua produção, dos ensaios e dos equipamentos de produção.

5. Âmbito da disciplina (indicando a intensidade do trabalho de todos os tipos de trabalho académico)

	Intensidade total da mão de obra (em horas)

Tipos de acções de formação	Total ZE /hora	Semestre	
		5	6
Intensidade total de mão de obra da disciplina (módulo) em ZE/hora	7 ZE/25 2.	3 ZE/10 8	4 ZE/144 .
Trabalho de contacto dos alunos com o professor por tipos de sessões de formação (trabalho na sala de aula), incluindo:	*82,7*	*32,3*	*52,4*
Palestras	48	16	34
Trabalhos de laboratório	32	16	16
Exercícios práticos	-	-	-
Trabalhos de curso (consulta, defesa)	-	-	-
Projeto de curso (consultas, defesa)	-	-	-
Aconselhamento pré-exame	2	-	2
Trabalho de contacto no controlo intermédio	0,7	0,3	0,4
Trabalho autónomo do estudante (trabalho extracurricular), incluindo:	*135,7*	*75,7*	*91,6*
Trabalhar com o material de formação (auto-formação)	135,7	75,7	58
Projeto de curso (preparação)	-	-	-
Trabalhos de curso (preparação)	-	-	-
Preparação para a certificação provisória	33,6	-	33,6
Certificação intermédia		crédito	exame

Programador da RPA: I.R. Nizameev, Candidato a Ciências Químicas, Professor Associado, Departamento de STEVE, F.N. Kurtayeva, Ph.D., Professor de RPA I.R. Nizameev, Candidato a Ciências Químicas, Professor Associado, Departamento de STEVE, F.N. Kurtayeva, Candidato a Ciências Técnicas, Professor Associado, Departamento de MS&PB, KNITU-KAI.

B1.В.ДВ.05.01 "Análise metalográfica na investigação científica"

1. objetivo de estudar a disciplina (módulo)

O principal objetivo da disciplina é formar competências e aptidões para o estudo experimental da estrutura e das propriedades dos materiais, para utilizar na prática ideias modernas sobre a influência da microestrutura e da nanoestrutura nas propriedades dos materiais.

2. Objectivos da disciplina:

- desenvolvimento dos conhecimentos dos alunos sobre a estrutura real dos materiais metálicos, a sua relação com os diagramas de equilíbrio de fases e os tipos de tratamento térmico;
- domínio pelos estudantes dos métodos de microscopia ótica a nível macro e meso;
- domínio da análise metalográfica dos aços ao carbono e dos aços ligados de diferentes classes estruturais;
- dominar a análise de fratura para determinar as causas da falha estrutural.
- domínio dos conceitos e termos básicos relacionados com a microscopia eletrónica;
- familiarização com o aparelho de um microscópio eletrónico normal
- estudo dos princípios da ótica eletrónica robótica.
3. lugar da disciplina na estrutura do programa educativo do ensino superior
A disciplina pertence à parte variativa do bloco 1. Disciplinas (módulos) do programa de ensino e é uma disciplina de escolha, aprofundando o domínio do perfil
4. O licenciado que domine a disciplina deve possuir as seguintes competências
PC 6 - Capacidade de utilizar na prática ideias modernas sobre a influência da micro e nanoestrutura nas propriedades dos materiais, a sua interação com o ambiente, os campos, as partículas e a radiação.
PC-14 - aptidão para utilizar os meios técnicos de medição e de controlo necessários para a normalização e a certificação dos materiais e dos processos da sua produção, dos ensaios e dos equipamentos de produção.

5. Âmbito da disciplina (indicando a intensidade do trabalho de todos os tipos de trabalho académico)

Tipos de acções de formação	Intensidade total da mão de obra (em horas)		
	Total	Semestre	
	ZE /hora	5	6
Intensidade total de mão de obra da disciplina (módulo) em ZE/hora	7 ZE/25 2.	3 ZE/10 8	4 ZE/144 .
Trabalho de contacto dos alunos com o professor por tipos de sessões de formação (trabalho na sala de aula), incluindo:	**82,7**	**32,3**	**52,4**
Palestras	48	16	34

	32	16	16
Trabalhos de laboratório	32	16	16
Exercícios práticos	-	-	-
Trabalhos de curso (consulta, defesa)	-	-	-
Projeto de curso (consultas, defesa)	-	-	-
Aconselhamento pré-exame	2	-	2
Trabalho de contacto no controlo intermédio	0,7	0,3	0,4
Trabalho autónomo do estudante (trabalho extracurricular), incluindo:	*135,7*	*75,7*	*91,6*
Trabalhar com o material de formação (auto-formação)	135,7	75,7	58
Projeto de curso (preparação)	-	-	-
Trabalhos de curso (preparação)	-	-	-
Preparação para a certificação provisória	33,6	-	33,6
Certificação intermédia		crédito	exame

Criador da RPA: I.R. Nizameev I.R. Nizameev, Candidato a Ciências Químicas, Professor Associado, Departamento de STEVE,

B1.В.ДВ.06.01 "Modelação matemática do estado de vibração de sistemas técnicos"

1. objetivo de estudar a disciplina (módulo)

O objetivo do curso é fornecer aos alunos conhecimentos, competências e capacidades para utilizar métodos de modelação do estado de vibração de sistemas de rotor, tendo em conta as propriedades dos materiais, componentes individuais do sistema, bem como a construção de modelos para prever os resultados do processo tecnológico de equilíbrio.

2. Objectivos da disciplina:

- adquirir conhecimentos sobre sistemas técnicos de equilibragem;
- estudo dos processos tecnológicos típicos de equilibragem de rotores flexíveis;
- obter competências de cálculo das equações do modelo matemático do sistema técnico;
- aquisição de competências e capacidades para trabalhar com ferramentas de software para o equilíbrio de sistemas técnicos;
- aquisição de competências e capacidades de raciocínio lógico, de formulação de modelos matemáticos e de resolução de problemas, de análise de equações e de construção de soluções, de aplicação dos conhecimentos adquiridos na resolução de problemas práticos concretos.

3. lugar da disciplina na estrutura do programa educativo do ensino superior

A disciplina pertence à parte variativa do bloco 1. Disciplinas (módulos) do programa de ensino e é uma disciplina de escolha, aprofundando o domínio do perfil

4. O licenciado que domine a disciplina deve possuir as seguintes competências

PC-3 - aptidão para utilizar métodos de modelização na previsão e otimização de processos tecnológicos e propriedades dos materiais, normalização e certificação de materiais e processos

PC-7 - Capacidade de selecionar e aplicar métodos adequados de modelização de processos físicos, químicos e tecnológicos

5. Âmbito da disciplina (indicando a intensidade do trabalho de todos os tipos de trabalho académico)

Tipos de acções de formação	Intensidade total da mão de obra (em horas)	
	Total	**Semestre**
	ZE /hora	**6**
Intensidade total de mão de obra da disciplina (módulo) em ZE/hora	2 ZE/72.	2 ZE/72.
Trabalho de contacto dos alunos com o professor por tipos de sessões de formação (trabalho na sala de aula), incluindo:	*32,3*	*32,3*
Palestras	16	16
Trabalhos de laboratório	-	-
Exercícios práticos	16	16
Trabalhos de curso (consulta, defesa)	-	-
Projeto de curso (consultas, defesa)	-	-
Aconselhamento pré-exame	-	-
Trabalho de contacto no controlo intermédio	0,3	0,3
Trabalho autónomo do estudante (trabalho extracurricular), incluindo:	***39,7***	***39,7***
Trabalhar com o material de formação (auto-formação)	39,7	39,7
Projeto de curso (preparação)	-	-
Trabalhos de curso (preparação)	-	-
Preparação para a certificação provisória	-	-
Certificação intermédia		crédito

Programador da RPA: RPA: I.N. Sidorov, Doutor em Física e Matemática, Professor, Presidente do TIPMiM.

B1.В.ДВ.06.02 "Modelação matemática em problemas de mecânica de materiais compósitos"
1. objetivo de estudar a disciplina (módulo)
O objetivo do curso é formar conhecimentos, competências e capacidades dos futuros bacharéis na modelação dos processos de deformação de elementos de estruturas compósitas sob cargas externas. Garantir aos alunos o domínio das hipóteses, conceitos, métodos, técnicas e abordagens mais importantes para o estudo do processo de deformação de elementos estruturais, necessários em actividades práticas no projeto de aeronaves e outros tipos de estruturas.
2. Objectivos da disciplina:
Os principais objectivos da disciplina são:
- desenvolvimento de competências em matéria de abordagens matemáticas e mecânicas do problema da modelização dos diferentes fenómenos físicos da mecânica dos materiais compósitos;
- capacidade de pensar logicamente, formular modelos matemáticos e enunciados de problemas, analisar equações e construir soluções, e aplicar os conhecimentos adquiridos para resolver problemas práticos reais
3. lugar da disciplina na estrutura do programa educativo do ensino superior
A disciplina pertence à parte variativa do bloco 1. Disciplinas (módulos) do programa de ensino e é uma disciplina de escolha, aprofundando o domínio do perfil
4. O licenciado que domine a disciplina deve possuir as seguintes competências
PC-3 - aptidão para utilizar métodos de modelização na previsão e otimização de processos tecnológicos e propriedades dos materiais, normalização e certificação de materiais e processos
PC-7 - Capacidade de selecionar e aplicar métodos adequados de modelização de processos físicos, químicos e tecnológicos

5. Âmbito da disciplina (indicando a intensidade do trabalho de todos os tipos de trabalho académico)

	Intensidade total da mão de obra (em horas)	
Tipos de acções de formação		Semestre

	Total ZE /hora	**6**
Intensidade total de trabalho da disciplina (módulo) em ZE/hora	2 ZE/72.	2 ZE/72.
Trabalho de contacto dos alunos com o professor por tipos de sessões de formação (trabalho na sala de aula), incluindo:	*32,3*	*32,3*
Palestras	16	16
Trabalhos de laboratório	-	-
Exercícios práticos	16	16
Trabalhos de curso (consulta, defesa)	-	-
Projeto de curso (consultas, defesa)	-	-
Aconselhamento pré-exame	-	-
Trabalho de contacto no controlo intermédio	0,3	0,3
Trabalho independente do estudante (trabalho extracurricular), incluindo:	*39,7*	*39,7*
Trabalhar com o material de formação (auto-formação)	39,7	39,7
Projeto de curso (preparação)	-	-
Trabalhos de curso (preparação)	-	-
Preparação para a certificação provisória	-	-
Certificação intermédia		crédito

Programador da RPA: RPA: I.N. Sidorov, Doutor em Física e Matemática, Professor, Presidente do TIPMiM.

B1.V.DV.08.01 "Diagnóstico, controlo e gestão da qualidade dos processos e materiais tecnológicos"
1. objetivo de estudar a disciplina (módulo)
O objetivo da formação é estudar as regularidades da degradação da composição, da estrutura e das propriedades dos materiais, tendo em conta o estado real de tensão-deformação, a sua hereditariedade operacional e tecnológica nas partes de estruturas complexas, máquinas e dispositivos, para identificar o estado técnico ou determinar as causas de incidentes, falhas, condições críticas e acidentes.
2. Objectivos da disciplina:
Os principais objectivos da disciplina são que os alunos dominem:
- banco de dados sobre materiais estruturais, tecnologias padrão aplicadas a eles, regularidades de formação de estrutura e propriedades de materiais e juntas soldadas, condições para garantir sua estabilidade em operação;

- a influência das condições de funcionamento nas propriedades dos materiais e as principais regularidades de degradação da sua composição e estrutura;
- instrumentos e equipamentos para ensaios destrutivos e não destrutivos, para determinar e avaliar a qualidade dos materiais e das juntas soldadas, tendo em conta os requisitos do atual sistema de avaliação da conformidade e dos END;
- métodos de ensaios destrutivos e não destrutivos, para determinar e avaliar a qualidade dos materiais e das juntas soldadas;
- características de rejeição da composição, estrutura e propriedades dos materiais e das juntas soldadas.
3. lugar da disciplina na estrutura do programa educativo do ensino superior
A disciplina pertence à parte variativa do bloco 1. Disciplinas (módulos) do programa de ensino e é uma disciplina de escolha, aprofundando o domínio do perfil
4. O licenciado que domine a disciplina deve possuir as seguintes competências
PC-5 aptidão para efetuar investigações e testes complexos no estudo de materiais e produtos, incluindo os normalizados e os certificados, e dos respectivos processos de produção, transformação e modificação
PC-10 Capacidade de avaliar a qualidade dos materiais em condições de produção na fase de testes-piloto e de implementação

5. Âmbito da disciplina (indicando a intensidade do trabalho de todos os tipos de trabalho académico)

Tipos de acções de formação	Intensidade total da mão de obra (em horas)		
	Total	Semestre	
	ZE /hora	6	7
Intensidade total de mão de obra da disciplina (módulo) em ZE/hora	8 ZE/288	4 ZE/144.	4 ZE/144.
Trabalho de contacto dos alunos com o professor por tipos de sessões de formação (trabalho na sala de aula), incluindo:	*102,7*	*52,4*	*50,3*
Palestras	68	34	34
Trabalhos de laboratório	32	16	16
Exercícios práticos	-	-	-

Trabalhos de curso (consulta, defesa)	-	-	-
Projeto de curso (consultas, defesa)	-	-	-
Aconselhamento pré-exame	2	2	-
Trabalho de contacto no controlo intermédio	0,7	0,4	0,3
Trabalho autónomo do estudante (trabalho extracurricular), incluindo:	***151,7***	***121,6***	***93,7***
Trabalhar com o material de formação (auto-formação),	118,1	58	93,7
Projeto de curso (preparação)	-	-	-
Trabalhos de curso (preparação)	-	-	-
Preparação para a certificação provisória	33,6	33,6	
Certificação intermédia		exame	crédito

Programador da RPA: E.R. Galimov, Doutor em Ciências Técnicas, Professor, Departamento de MS&PS da KNITU-KAI, F.I. Murataev, Candidato a Ciências Técnicas, Professor Associado, Departamento de MS&PS.

B1.V.DV.08.02 "Garantia de qualidade dos materiais na conceção, produção e funcionamento"

1. objetivo de estudar a disciplina (módulo)

O objetivo da formação é estudar as regularidades da degradação da composição, da estrutura e das propriedades dos materiais, tendo em conta o estado real de tensão-deformação, a sua hereditariedade operacional e tecnológica nas partes de estruturas complexas, máquinas e dispositivos, para identificar o estado técnico ou determinar as causas de incidentes, falhas, condições críticas e acidentes.

2. Objectivos da disciplina:

Os principais objectivos da disciplina são que os alunos dominem:

- banco de dados sobre materiais estruturais, tecnologias padrão aplicadas a eles, regularidades de formação de estrutura e propriedades de materiais e juntas soldadas, condições para garantir sua estabilidade em operação;

- a influência das condições de funcionamento nas propriedades dos materiais e as principais regularidades de degradação da sua composição e estrutura;

- instrumentos e equipamentos para ensaios destrutivos e não destrutivos, para determinar e avaliar a qualidade dos materiais e das juntas soldadas, tendo em conta os requisitos do atual sistema de avaliação da conformidade e dos END;

- métodos de ensaios destrutivos e não destrutivos, para determinar e avaliar a qualidade dos materiais e das juntas soldadas;
- características de rejeição da composição, estrutura e propriedades dos materiais e das juntas soldadas.
3. lugar da disciplina na estrutura do programa educativo do ensino superior
A disciplina pertence à parte variativa do bloco 1. Disciplinas (módulos) do programa de ensino e é uma disciplina de escolha, aprofundando o domínio do perfil
4. O licenciado que domine a disciplina deve possuir as seguintes competências
PC-5: aptidão para efetuar investigações e testes complexos no estudo de materiais e produtos, incluindo a normalização e a certificação, os seus processos de produção, transformação e modificação
PC-10 Capacidade de avaliar a qualidade dos materiais em condições de produção na fase de testes-piloto e de implementação

5. Âmbito da disciplina (indicando a intensidade do trabalho de todos os tipos de trabalho académico)

Tipos de acções de formação	Intensidade total da mão de obra (em horas)		
	Total ZE /hora	Semestre	
		6	7
Intensidade total de mão de obra da disciplina (módulo) em ZE/hora	8 ZE/288	4 ZE/144.	4 ZE/14 4.
Trabalho de contacto dos alunos com o professor por tipos de sessões de formação (trabalho na sala de aula), incluindo:	*102,7*	*52,4*	*50,3*
Palestras	68	34	34
Trabalhos de laboratório	32	16	16
Exercícios práticos	-	-	-
Trabalhos de curso (consulta, defesa)	-	-	-
Projeto de curso (consultas, defesa)	-	-	-
Aconselhamento pré-exame	2	2	-
Trabalho de contacto no controlo intermédio	0,7	0,4	0,3
Trabalho autónomo do estudante (trabalho extracurricular), incluindo:	*151,7*	*121,6*	*93,7*

Trabalhar com o material de formação (auto-formação),	118,1	58	93,7
Projeto de curso (preparação)	-	-	-
Trabalhos de curso (preparação)	-	-	-
Preparação para a certificação provisória	33,6	33,6	
Certificação intermédia		exame	crédito

Programador da RPA: E.R. Galimov, Doutor em Ciências Técnicas, Professor, Departamento de MS&PS da KNITU-KAI, F.I. Murataev, Candidato a Ciências Técnicas, Professor Associado, Departamento de MS&PS.

B1.V.DV.09.01 "Preparação tecnológica da produção"

1. objetivo de estudar a disciplina (módulo)

O objetivo do estudo da disciplina é preparar um bacharel para desenvolver medidas de preparação tecnológica da produção, a formação de conhecimentos, competências e capacidades no domínio da conceção de processos tecnológicos de vários tipos de produção. E ainda, a formação do pensamento tecnológico dos futuros bacharéis com base na natureza económica do racionamento e planeamento da produção de materiais e processos tecnológicos.

2. Objectivos da disciplina:

- Os principais objectivos da disciplina incluem a compreensão da essência e das características da implementação da preparação tecnológica da produção (TPP), a capacidade de desenvolver processos tecnológicos para vários tipos de produção;

-Estudo da base teórica para o desenvolvimento de normas progressivas de consumo material, formas e métodos de poupança de recursos materiais.

3. lugar da disciplina na estrutura do programa educativo do ensino superior

A disciplina pertence à parte variativa do bloco 1. Disciplinas (módulos) do programa de ensino e é uma disciplina de escolha, aprofundando o domínio do perfil

4. O licenciado que domine a disciplina deve possuir as seguintes competências

PC-8: disponibilidade para cumprir os requisitos básicos de gestão do escritório em matéria de registos e protocolos; elaborar o projeto e a documentação técnica de trabalho em conformidade com os documentos regulamentares

PC-16 - Capacidade de utilizar conhecimentos sobre processos e operações tecnológicos tradicionais e novos, materiais normativos e metodológicos relativos à preparação tecnológica da produção, à qualidade, à normalização e à certificação de produtos e processos, com elementos de análise económica da produção

PC-17 Capacidade de utilizar na atividade profissional as noções básicas de conceção de processos tecnológicos, desenvolvimento de documentação tecnológica, cálculos e conceção de peças, incluindo com a utilização de ferramentas de software normalizadas.

5. Âmbito da disciplina (indicando a intensidade do trabalho de todos os tipos de trabalho académico)

Tipos de acções de formação	Intensidade total da mão de obra (em horas)		
	Total	Semestre	
	ZE /hora	6	7
Intensidade total de mão de obra da disciplina (módulo) em ZE/hora	7 ZE/25 2.	3 ZE/10 8	4 ZE/144 .
Trabalho de contacto dos alunos com o professor por tipos de sessões de formação (trabalho na sala de aula), incluindo:	*69*	*34,6*	*34,4*
Palestras	32	16	16
Trabalhos de laboratório	-	-	-
Exercícios práticos	32	16	16
Trabalhos de curso (consulta, defesa)	2,3	2,3	-
Projeto de curso (consultas, defesa)	-	-	-
Aconselhamento pré-exame	2	-	2
Trabalho de contacto no controlo intermédio	0,7	0,3	0,4
Trabalho autónomo do estudante (trabalho extracurricular), incluindo:	***183***	***73,4***	***109,6***
Trabalhar com o material de formação (auto-formação)	115,7	39,7	76
Projeto de curso (preparação)	-	-	-
Trabalhos de curso (preparação)	-	33,7	-
Preparação para a certificação provisória	33,6	-	33,6
Certificação intermédia		crédito	exame

Criador da RPA: E.R. Galimov, Doutor em Ciências Técnicas, Professor, Departamento de MS&PS da KNITU-KAI, E.A. Solopova, E.S. Mukhametshina, Candidato a Ciências Técnicas, Professor Associado, Departamento de MS&PS.

B1.V.DV.09.02 "Organização da produção de contratos públicos"
1. objetivo de estudar a disciplina (módulo)
O objetivo do estudo da disciplina é preparar um bacharel para desenvolver medidas de preparação tecnológica da produção, a formação de conhecimentos, competências e capacidades no domínio da conceção de processos tecnológicos de vários tipos de produção. E ainda, a formação do pensamento tecnológico dos futuros bacharéis com base na natureza económica do racionamento e planeamento da produção de materiais e processos tecnológicos.
2. Objectivos da disciplina:
- Os principais objectivos da disciplina incluem a compreensão da essência e das características da implementação da preparação tecnológica da produção (TPP), a capacidade de desenvolver processos tecnológicos para vários tipos de produção;
 -Estudo da base teórica para o desenvolvimento de normas progressivas de consumo material, formas e métodos de poupança de recursos materiais.
3. lugar da disciplina na estrutura do programa educativo do ensino superior
A disciplina pertence à parte variativa do bloco 1. Disciplinas (módulos) do programa de ensino e é uma disciplina de escolha, aprofundando o domínio do perfil
4. O licenciado que domine a disciplina deve possuir as seguintes competências
PC-8: capacidade para cumprir os requisitos básicos de gestão do escritório em matéria de registos e protocolos; elaborar o projeto e a documentação técnica de trabalho em conformidade com os documentos normativos
PC-16 - Capacidade de utilizar conhecimentos sobre processos e operações tecnológicos tradicionais e novos, materiais normativos e metodológicos relativos à preparação tecnológica da produção, à qualidade, à normalização e à certificação de produtos e processos, com elementos de análise económica da produção
PC-17 Capacidade de utilizar na atividade profissional as noções básicas de conceção de processos tecnológicos, desenvolvimento de documentação tecnológica, cálculos e conceção de peças, incluindo com a utilização de ferramentas de software normalizadas.

5. Âmbito da disciplina (indicando a intensidade do trabalho de todos os tipos de trabalho académico)

Tipos de acções de formação	Intensidade total da mão de obra (em horas)		
	Total	Semestre	
	ZE /hora	6	7
Intensidade total de mão de obra da disciplina (módulo) em ZE/horas	7 ZE/25 2.	3 ZE/10 8	4 ZE/144 .
Trabalho de contacto dos alunos com o professor por tipos de sessões de formação (trabalho na sala de aula), incluindo:	**69**	**34,6**	**34,4**
Palestras	32	16	16
Trabalhos de laboratório	-	-	-
Exercícios práticos	32	16	16
Trabalhos de curso (consulta, defesa)	2,3	2,3	-
Projeto de curso (consultas, defesa)	-	-	-
Aconselhamento pré-exame	2	-	2
Trabalho de contacto no controlo intermédio	0,7	0,3	0,4
Trabalho autónomo do estudante (trabalho extracurricular), incluindo:	***183***	***73,4***	***109,6***
Trabalhar com o material de formação (auto-formação)	115,7	39,7	76
Projeto de curso (preparação)	-	-	-
Trabalhos de curso (preparação)	-	33,7	-
Preparação para a certificação provisória	33,6	-	33,6
Certificação intermédia		crédito	exame

Criador da RPA: E.R. Galimov, Doutor em Ciências Técnicas, Professor, Departamento de MS&PS da KNITU-KAI, E.A. Solopova, E.S. Mukhametshina, Candidato a Ciências Técnicas, Professor Associado, Departamento de MS&PS.

B1.V.DV.10.01 "Teoria e tecnologia dos processos de produção, transformação e reciclagem de materiais e de revestimento"
1. objetivo de estudar a disciplina (módulo)

O principal objetivo do estudo desta disciplina é a formação do pensamento tecnológico dos futuros bacharéis com base no conhecimento dos processos tecnológicos de produção de materiais e revestimentos, bem como dos princípios básicos da sua conceção.

2. Objectivos da disciplina:

- familiarização dos estudantes com sistemas de critérios multifuncionais de desenvolvimento complexo de processos tecnológicos da sua produção e transformação; gestão da estrutura e das características de grupos específicos de materiais, produtos semi-acabados e produtos;

-aprender a prática dos cálculos dos parâmetros tecnológicos de base e dos equipamentos tecnológicos para os processos das tecnologias do pó, dos revestimentos, da moldagem, do tratamento dos plásticos

- A expansão, o aprofundamento e a consolidação dos conhecimentos teóricos e a conjugação da teoria com a prática são conseguidos durante as aulas de laboratório nas salas de aula do departamento, bem como durante a formação prática.

3. lugar da disciplina na estrutura do programa educativo do ensino superior

A disciplina pertence à parte variativa do bloco 1. Disciplinas (módulos) do programa de ensino e é uma disciplina de escolha, aprofundando o domínio do perfil

4. O licenciado que domine a disciplina deve possuir as seguintes competências

PC-9- disponibilidade para participar no desenvolvimento de processos tecnológicos de produção e transformação de revestimentos, materiais e produtos deles derivados, sistemas de controlo de processos tecnológicos

PC-16- Capacidade de utilizar os conhecimentos sobre os processos e as operações tecnológicas tradicionais e novas, os materiais normativos e metodológicos relativos à preparação tecnológica da produção, à qualidade, à normalização e à certificação dos produtos e dos processos, com elementos de análise económica da produção

5. Âmbito da disciplina (indicando a intensidade do trabalho de todos os tipos de trabalho académico)

Tipos de acções de formação	Intensidade total da mão de obra (em horas)		
	Total	Semestre	
	ZE /hora	6	7

Intensidade total de mão de obra da disciplina (módulo) em ZE/hora	7 ZE/25 2.	2 ZE/72.	5 ZE/180 .
Trabalho de contacto dos alunos com o professor por tipos de sessões de formação (trabalho na sala de aula), incluindo:	101	48,3	52,7
Palestras	64	32	32
Trabalhos de laboratório	32	16	16
Exercícios práticos	-	-	-
Trabalhos de curso (consulta, defesa)	2,3	-	2,3
Projeto de curso (consultas, defesa)	-	-	-
Aconselhamento pré-exame	2	-	2
Trabalho de contacto no controlo intermédio	0,7	0,3	0,4
Trabalho autónomo do estudante (trabalho extracurricular), incluindo:	151	23,7	127,3
Trabalhar com o material de formação (auto-formação), incl.	83,7	23,7	60
Projeto de curso (preparação)	33,7	-	33,7
Trabalhos de curso (preparação)	-	-	-
Preparação para a certificação provisória	33,6	-	33,6
Certificação intermédia		crédito	exame

Programador da RPA: E.R. Galimov, Ph.D., Professor, Departamento de MS&PS da KNITU-KAI, T.A. Ilinkova, Ph.D., Professor, Departamento de MS&PS. A.V. Chernoglazova, Candidato a Ciências Técnicas, Professor Associado, Departamento de MS&PSS

B1.V.DV.10.02 "Processos tecnológicos de produção de materiais

1. objetivo de estudar a disciplina (módulo)

O principal objetivo do estudo desta disciplina é a formação do pensamento tecnológico dos futuros bacharéis com base no conhecimento dos processos tecnológicos de produção de materiais e revestimentos, bem como dos princípios básicos da sua conceção.

2. Objectivos da disciplina:

- familiarização dos estudantes com sistemas de critérios multifuncionais de desenvolvimento complexo de processos tecnológicos da sua produção e transformação; gestão da estrutura e das características de grupos específicos de materiais, produtos semi-acabados e produtos;

-aprender a prática dos cálculos dos parâmetros tecnológicos de base e dos equipamentos tecnológicos para os processos das tecnologias do pó, dos revestimentos, da moldagem, do tratamento dos plásticos
- A expansão, o aprofundamento e a consolidação dos conhecimentos teóricos e a conjugação da teoria com a prática são conseguidos durante as aulas de laboratório nas salas de aula do departamento, bem como durante a formação prática.
3. lugar da disciplina na estrutura do programa educativo do ensino superior
A disciplina pertence à parte variativa do bloco 1. Disciplinas (módulos) do programa de ensino e é uma disciplina de escolha, aprofundando o domínio do perfil
4. O licenciado que domine a disciplina deve possuir as seguintes competências
PC-9- disponibilidade para participar no desenvolvimento de processos tecnológicos de produção e transformação de revestimentos, materiais e produtos deles derivados, sistemas de controlo de processos tecnológicos
PC-16- Capacidade de utilizar os conhecimentos sobre os processos e as operações tecnológicas tradicionais e novas, os materiais normativos e metodológicos relativos à preparação tecnológica da produção, à qualidade, à normalização e à certificação dos produtos e dos processos, com elementos de análise económica da produção

5. Âmbito da disciplina (indicando a intensidade do trabalho de todos os tipos de trabalho académico)

Tipos de acções de formação	Intensidade total da mão de obra (em horas)		
	Total	Semestre	
	ZE /hora	6	7
Intensidade total de mão de obra da disciplina (módulo) em ZE/hora	7 ZE/25 2.	2 ZE/72.	5 ZE/180 .
Trabalho de contacto dos alunos com o professor por tipos de sessões de formação (trabalho na sala de aula), incluindo:	101	48,3	52,7
Palestras	64	32	32
Trabalhos de laboratório	32	16	16
Exercícios práticos	-	-	-
Trabalhos de curso (consulta, defesa)	2,3	-	2,3

Projeto de curso (consultas, defesa)	-	-	-
Aconselhamento pré-exame	2	-	2
Trabalho de contacto no controlo intermédio	0,7	0,3	0,4
Trabalho autónomo do estudante (trabalho extracurricular), incluindo:	151	23,7	127,3
Trabalhar com o material de formação (auto-formação),	83,7	23,7	60
Projeto de curso (preparação)	33,7	-	33,7
Trabalhos de curso (preparação)	-	-	-
Preparação para a certificação provisória	33,6	-	33,6
Certificação intermédia		crédito	exame

Programador da RPA: E.R. Galimov, Ph.D., Professor, Departamento de MS&PS da KNITU-KAI, T.A. Ilinkova, Ph.D., Professor, Departamento de MS&PS. A.V. Chernoglazova, Candidato a Ciências Técnicas, Professor Associado, Departamento de MS&PSS

B1.B.01.01.01(U) "Prática de familiarização"
1. objetivo de estudar a disciplina (módulo)
O objetivo da prática de formação é familiarizar os estudantes com a estrutura organizacional da universidade, a história do departamento de graduação, o conteúdo e a organização do trabalho realizado no departamento de graduação.
2. Objectivos da disciplina:
- estudo da estrutura organizacional da universidade e do seu sistema de gestão; história da criação e do desenvolvimento dos departamentos de EM e PB, regras de estudo, direitos e obrigações dos estudantes;
- familiarização com o programa da especialidade em formação, conferências e projectos;
- familiarização com os laboratórios e o equipamento do departamento e da universidade, o conteúdo dos principais trabalhos e investigações efectuados no departamento de licenciatura.
- aquisição de competências para utilizar as modernas tecnologias da informação e da comunicação e os recursos globais em actividades de investigação e de análise computacional no domínio da ciência e tecnologia dos materiais;
- aquisição de competências em matéria de recolha de dados, análise de informações científicas e técnicas, elaboração e utilização de documentação técnica, documentos normativos de base sobre questões de propriedade intelectual, preparação de documentos para registo de patentes, registo de know-how.

3. lugar da disciplina na estrutura do programa educativo do ensino superior

A prática de formação faz parte da parte variável do bloco B2.

A prática de formação é parte integrante do processo educativo e é um tipo de sessões de formação diretamente orientadas para a formação profissional e prática dos bacharéis.

Métodos de prática de formação: estacionários e/ou no local.

4. O licenciado que domine a disciplina deve possuir as seguintes competências

OK-2 Capacidade de analisar as principais fases e padrões do desenvolvimento histórico da sociedade para formar uma posição cívica

OK-7 Capacidade de auto-organização e autoeducação

OPK-1 Capacidade de resolver as tarefas habituais da atividade profissional com base na informação e na cultura bibliográfica, utilizando as tecnologias da informação e da comunicação e tendo em conta os requisitos básicos da segurança da informação.

PC-2- Capacidade de recolher dados, estudar, analisar e resumir informações científicas e técnicas sobre o tema da investigação, desenvolvimento e utilização de documentação técnica, documentos normativos de base sobre questões de propriedade intelectual, preparação de documentos para registo de patentes, registo de know-how.

5. Âmbito da disciplina (indicando a intensidade do trabalho de todos os tipos de trabalho académico)

Tipos de acções de formação	Intensidade total da mão de obra (em horas)		
	Total	Semestre	
	ZE /hora	2	
Intensidade total de mão de obra da disciplina (módulo) em ZE/hora	1ZE/3 6	1ZE/3 6	
Trabalho de contacto dos alunos com o professor por tipos de sessões de formação (trabalho na sala de aula), incluindo:	*12,3*	*12,3*	
Palestras	-	-	
Trabalhos de laboratório	-	-	
Exercícios práticos	4	4	
Trabalhos de curso (consulta, defesa)	-	-	
Projeto de curso (consultas, defesa)	-	-	
Aconselhamento pré-exame	-	-	

Trabalho de contacto no controlo intermédio	0,3	0,3	
Trabalho autónomo do estudante (trabalho extracurricular), incluindo:	*23,7*	*23,7*	
Trabalhar com o material de formação (auto-formação)	-	-	
Projeto de curso (preparação)	-	-	
Trabalhos de curso (preparação)	-	-	
Preparação para a certificação provisória	-	-	
Certificação intermédia		crédito	

Programador da RPA: E.R. Galimov, Doutor em Ciências Técnicas, Professor, Departamento de MS&PS da KNITU-KAI, P.B. Shibaev, Candidato a Ciências Técnicas, Professor Associado, Departamento de MS&PS.

B2.B.01.01.02(U) "Praticar a aquisição de competências profissionais primárias, incluindo competências primárias e competências de trabalho de investigação"

1. objetivo de estudar a disciplina (módulo)

-reforço dos conhecimentos teóricos e práticos obtidos durante o estudo das disciplinas de base;

-aprendizagem de técnicas, métodos e modalidades de identificação, observação, medição e controlo dos parâmetros dos processos tecnológicos de produção e outros, de acordo com o perfil de formação;

-Domínio das técnicas, métodos e formas de tratamento, apresentação e interpretação dos resultados de uma investigação prática;

-aquisição de competências práticas na futura atividade profissional ou nas suas secções separadas;

-desenvolvimento de uma abordagem criativa para resolver problemas na área da disciplina, ativação da atividade cognitiva dos alunos

2. Objectivos da disciplina:

dominar os métodos de investigação e de ensaio dos materiais metálicos;

estudo de técnicas de preparação de amostras e de análise da estrutura dos materiais;

estudo dos métodos de fabrico de várias ligas e produção de produtos a partir delas;

aquisição de competências e aptidões práticas com base em trabalhos individuais utilizando ferramentas modernas de software de engenharia;

dominar as técnicas, os métodos e as formas de tratamento, apresentação e interpretação dos resultados da investigação teórica e prática.

3. lugar da disciplina na estrutura do programa educativo do ensino superior
A "Prática de formação para a obtenção de competências profissionais primárias, incluindo competências primárias e competências de trabalho de investigação" pertence à parte variável do bloco 2 "Práticas".
Métodos de prática de formação: estacionários e/ou no local.
4. O licenciado que domine a disciplina deve possuir as seguintes competências
OK-2 Capacidade de analisar as principais fases e padrões do desenvolvimento histórico da sociedade para formar uma posição cívica
OK-7 Capacidade de auto-organização e autoeducação
OPK-1 Capacidade de resolver as tarefas habituais da atividade profissional com base na informação e na cultura bibliográfica, utilizando as tecnologias da informação e da comunicação e tendo em conta os requisitos básicos da segurança da informação.
PC-2- Capacidade de recolher dados, estudar, analisar e resumir informações científicas e técnicas sobre o tema da investigação, desenvolvimento e utilização de documentação técnica, documentos normativos de base sobre questões de propriedade intelectual, preparação de documentos para registo de patentes, registo de know-how.

5. Âmbito da disciplina (indicando a intensidade do trabalho de todos os tipos   de   trabalho académico)

Tipos de acções de formação	Intensidade total da mão de obra (em horas)	
	Total de horas (ZE)	Semestre 5
Intensidade total de mão de obra da disciplina (módulo) em ZE/hora	3 ZE/108	3 ZE/108
Trabalho de contacto dos alunos com o professor por tipos de sessões de formação (trabalho na sala de aula), incluindo:	*32*	*32*
Trabalho de contacto no controlo intermédio	0,3	0,3
Trabalho autónomo do estudante (trabalho extracurricular), incluindo:	*75,7*	*75,7*
Trabalhar com o material de formação (auto-formação)	75,7	75,7
Preparação para a certificação provisória		

Certificação intermédia		Aprovaç ão com um grau

Programador de RPA: V.H. Abdullina, Candidato a Ciências Técnicas, Professor Associado do Departamento de MS&PS, A.V. Belyaev, Candidato a Ciências Técnicas, Professor Associado do Departamento de MS&PS.

B2.B.02.01(P) "Formação prática para aquisição de competências profissionais e experiência de atividade profissional"
1. objetivo de estudar a disciplina (módulo)
Formação de competências gerais e profissionais, bem como aquisição das aptidões necessárias e experiência de trabalho prático dos estudantes da especialidade. Durante o estágio, o estudante familiariza-se com a organização de actividades científicas, técnicas e de produção, laboratórios, departamentos.
Consolidação dos conhecimentos teóricos obtidos durante o estudo das disciplinas de base e variáveis, domínio dos fundamentos dos métodos de investigação dos materiais; domínio dos métodos e das formas de conceção de peças em bruto e dos processos tecnológicos do seu fabrico; capacidade de aplicação dos materiais para o fabrico de tipos específicos de peças; aquisição de competências práticas na conceção de processos tecnológicos.
2. Objectivos da disciplina:
- desenvolvimento e acumulação de competências especiais, estudo e participação na elaboração de documentos organizacionais, metodológicos e regulamentares para a resolução de tarefas individuais no local de prática;
-Estudo da   estrutura organizativa da empresa e do   seu sistema de gestão;
-Conhecimento   do conteúdo dos principais trabalhos e investigações efectuados na empresa ou organização do local de estágio;
-Estudo da   estrutura, estado, comportamento e/ou funcionamento de processos tecnológicos específicos;
-aprendizagem de técnicas, métodos e modalidades de identificação, observação, medição e controlo dos parâmetros dos processos produtivos, tecnológicos e outros, de acordo com o perfil de formação;
-participar   num determinado processo de produção ou de investigação;
-Domínio das   técnicas,   métodos   e   formas   de   tratamento, apresentação e interpretação dos resultados de uma investigação prática;

-aquisição de   competências práticas na futura atividade profissional ou nas suas secções separadas,
- dominar os métodos de investigação e de ensaio de materiais não metálicos, metálicos e compósitos;
- dominar o desenvolvimento de desenhos de peças de trabalho e processos tecnológicos do seu fabrico por tipos de produção;
- domínio dos métodos de controlo e de defectoscopia das peças para diversos fins.
3. lugar da disciplina na estrutura do programa educativo do ensino superior
A disciplina pertence à parte formada pelos participantes das relações pedagógicas, Bloco 2. Disciplinas (módulos) do programa educativo e é uma disciplina optativa que aprofunda o domínio do perfil
Métodos de realização da prática industrial: estacionários e/ou no local.
4. O licenciado que domine a disciplina deve possuir as seguintes competências
OPK-3 aptidão para aplicar conhecimentos fundamentais de matemática, ciências naturais e engenharia geral na atividade profissional.
OPK-5 Capacidade de aplicar os princípios da utilização racional dos recursos naturais e da proteção do ambiente nas actividades práticas
PC-8: capacidade para cumprir os requisitos básicos de gestão do escritório em matéria de registos e protocolos; elaborar o projeto e a documentação técnica de trabalho em conformidade com os documentos normativos
PC-10 Capacidade de avaliar a qualidade dos materiais em condições de produção na fase de testes-piloto e de implementação
PC-12: disponibilidade para trabalhar no equipamento de acordo com as regras de segurança, saneamento industrial, segurança contra incêndios e normas de proteção do trabalho
PC-16 Capacidade de utilizar os conhecimentos sobre os processos e as operações tecnológicas tradicionais e novas, os materiais normativos e metodológicos relativos à preparação tecnológica da produção, à qualidade, à normalização e à certificação dos produtos e dos processos, com elementos de análise económica da produção

5. Âmbito da disciplina (indicando a intensidade do trabalho de todos os tipos   de   trabalho académico)

Tipos de acções de formação	Intensidade total da mão de obra (em horas)	
		Semestre

	Total ZE /hora	**6**
Intensidade total de mão de obra da disciplina (módulo) em ZE/hora	3 ZE/108	3 ZE/108
Trabalho de contacto dos alunos com o professor por tipos de sessões de formação (trabalho na sala de aula), incluindo:	*4,3*	*4,3*
Palestras	-	-
Trabalhos de laboratório	-	-
Exercícios práticos	4	4
Trabalhos de curso (consulta, defesa)	-	-
Projeto de curso (consultas, defesa)	-	-
Aconselhamento pré-exame	-	-
Trabalho de contacto no controlo intermédio	0,3	0,3
Trabalho autónomo do estudante (trabalho extracurricular), incluindo:	***103,7***	***103,7***
Trabalhar com o material de formação (auto-formação)	103,7	103,7
Projeto de curso (preparação)	-	-
Trabalhos de curso (preparação)	-	-
Preparação para a certificação provisória	-	-
Certificação intermédia		crédito

Programador da RPA: S.V. Kuryntsev; Candidato a Ciências Económicas, Professor Associado do Departamento de MS&PS, F.N. Kurtayeva; Candidato a Ciências Técnicas, Professor Associado do Departamento de MS&PS.

B2.B.02.02(P) Práticas industriais - (B2.B.02.02(P))
Trabalho de investigação

1. objetivo de estudar a disciplina (módulo)

Prática industrial - O trabalho de investigação é a fase final da formação, e a aquisição de competências para trabalhar com equipamento de investigação é efectuada depois de os estudantes terem dominado o programa de formação teórica e prática.

O objetivo do trabalho de investigação é desenvolver competências para a resolução autónoma de problemas práticos de investigação, bem como dominar os deveres funcionais dos funcionários no perfil de trabalho futuro...

2. Objectivos da disciplina:

- obter competências de trabalho no equipamento de investigação utilizado para a realização do projeto de diploma (trabalho);

- Conhecer os métodos normalizados de investigação e de ensaio utilizados para estudar as características dos materiais, incluindo os métodos de certificação;
- domínio prático dos métodos modernos de investigação científica, tratamento matemático dos resultados;
- utilizar as modernas tecnologias da informação e da comunicação, os recursos globais de informação nas actividades de investigação, cálculo e análise no domínio da ciência dos materiais e da tecnologia dos materiais;
- recolher dados, estudar, analisar e resumir informações científicas e técnicas sobre o tema de investigação utilizando documentação técnica;
- Utilizando materiais normativos e metodológicos, preparar e redigir tarefas técnicas para medições, ensaios, trabalhos de investigação e desenvolvimento sobre o objeto do estudo.
3. lugar da disciplina na estrutura do programa educativo do ensino superior
A Prática Industrial - Trabalho de Investigação é destinada aos alunos do quarto ano e serve para formar na prática e consolidar os conhecimentos teóricos obtidos durante o estudo das disciplinas de base e variáveis. A Prática Industrial - Trabalho de Investigação faz parte do Bloco 2 "Práticas" da parte variativa.
Métodos de realização da prática industrial: estacionários e/ou no local.
4. O licenciado que domine a disciplina deve possuir as seguintes competências

OPK-4 Capacidade de combinar teoria e prática para resolver problemas de engenharia

PC-1 Capacidade de utilizar as modernas tecnologias da informação e da comunicação e os recursos globais de informação nas actividades de investigação, cálculo e análise no domínio da ciência e da tecnologia dos materiais

PC-2 Capacidade para recolher dados, estudar, analisar e resumir informações científicas e técnicas sobre o tema da investigação, desenvolvimento e utilização de documentação técnica, documentos normativos de base sobre questões de propriedade intelectual, preparação de documentos para registo de patentes, registo de know-how.

PC-4 Capacidade de utilizar na investigação e nos cálculos os conhecimentos sobre os métodos de investigação, de análise, de diagnóstico e de modelização das propriedades das substâncias (materiais), dos processos físicos e químicos que ocorrem nos materiais durante a sua obtenção, transformação e modificação.

PC-5: aptidão para efetuar investigações e testes complexos no estudo de materiais e produtos, incluindo a normalização e a certificação, os seus processos de produção, transformação e modificação

PC-6 Capacidade de utilizar na prática ideias modernas sobre a influência da microestrutura e da nanoestrutura nas propriedades dos materiais, a sua interação com o ambiente, os campos, as partículas e a radiação

PC-13 Capacidade de utilizar materiais normativos e metodológicos para a preparação e execução de trabalhos técnicos de medição, ensaios, investigação e desenvolvimento

5. Âmbito da disciplina (indicando a intensidade do trabalho de todos os tipos de trabalho académico)

Tipos de acções de formação	Geral intensidade do trabalho			Semestre: 8		
	em ZE	por hora	por sem ana.	em ZE	por hora	por sem ana.
Intensidade total de trabalho da disciplina (módulo)	3	108	2	3	108	2
Trabalho de contacto dos alunos com o professor por tipos de sessões de formação		4,3			4,3	

(trabalho na sala de aula), incluindo:						
Aconselhamento		**4**			**4**	
Trabalho de contacto no controlo intermédio		**0,3**			**0,3**	
Trabalho autónomo do aluno	3	103,7	2	3	103,7	2
Avaliação intercalar:	crédito					

Programador da RPA: S.V. Kuryntsev; Candidato a Ciências Económicas, Professor Associado do Departamento de MS&PS, F.N. Kurtayeva; Candidato a Ciências Técnicas, Professor Associado do Departamento de MS&PS.

B2.B.02.03(P) Prática industrial - prática pré-diploma

1. objetivo de estudar a disciplina (módulo)

A prática pré-diploma é a fase final da formação e é efectuada depois de os estudantes terem dominado o programa de formação teórica e prática.

O objetivo da prática pré-diploma é desenvolver competências para a resolução autónoma de tarefas práticas de engenharia, bem como dominar os deveres funcionais dos funcionários no perfil de trabalho futuro.

2. Objectivos da disciplina:

- elaboração do tema do trabalho de qualificação final e seleção do material para o mesmo;

- expansão e consolidação do conhecimento sobre o perfil da produção;

- domínio prático dos métodos modernos de investigação científica, tratamento matemático dos resultados;

- realização de desenvolvimentos especiais para resolver tarefas de produção específicas;

- expansão e consolidação dos conhecimentos de economia e de organização científica da produção;

- participação direta na produção e na vida social da equipa de produção da loja, do departamento, do laboratório....

3. lugar da disciplina na estrutura do programa educativo do ensino superior

A prática de pré-diploma destina-se aos alunos do quarto ano e serve para consolidar os conhecimentos teóricos obtidos durante o estudo das disciplinas de base e variáveis e para formar competências práticas. A prática de pré-diploma faz parte do bloco 2 "Práticas" da parte variativa.

Métodos de realização da prática industrial: estacionários e/ou no local.

4. O licenciado que domine a disciplina deve possuir as seguintes competências

OPK-5 Capacidade de aplicar os princípios da utilização racional dos recursos naturais e da proteção do ambiente nas actividades práticas

PC-3: aptidão para utilizar métodos de modelização na previsão e otimização de processos tecnológicos e propriedades dos materiais, normalização e certificação de materiais e processos

PC-9 Disponibilidade para participar no desenvolvimento de processos tecnológicos de produção e transformação de revestimentos, materiais e produtos a partir deles, sistemas de controlo de processos tecnológicos

PC-11 Capacidade de aplicar os conhecimentos sobre os principais tipos de materiais inorgânicos e orgânicos modernos, os princípios de seleção de materiais para determinadas condições de funcionamento, tendo em conta os requisitos de fabrico, a relação custo-eficácia, a fiabilidade e a durabilidade, as consequências ambientais da sua aplicação na conceção de processos de alta tecnologia

PC-15 Capacidade de assegurar uma produção eficaz, ecológica e tecnicamente segura, com base na mecanização e na automatização dos processos de produção, na seleção e no funcionamento dos equipamentos e das ferramentas, nos métodos e nas técnicas de organização do trabalho

PC-16 Capacidade de utilizar os conhecimentos sobre os processos e as operações tecnológicas tradicionais e novas, os materiais regulamentares e metodológicos relativos à preparação tecnológica da produção, à qualidade, à normalização e à certificação dos produtos e dos processos, com elementos de análise económica da produção

PC-17 Capacidade de utilizar na atividade profissional as noções básicas de conceção de processos tecnológicos, desenvolvimento de documentação tecnológica, cálculos e conceção de peças, incluindo com a utilização de ferramentas de software normalizadas.

5. Âmbito da disciplina (indicando a intensidade do trabalho de todos os tipos de trabalho académico)

Tipos de acções de formação	Geral intensidade do trabalho			Semestre: 8		
	em ZE	por hora	por sem ana.	em ZE	por hora	por sem ana.
Intensidade total de trabalho da disciplina (módulo)	14	504	8	14	504	8
Trabalho de contacto dos alunos com o professor por tipos de sessões de		4,3			4,3	

formação (trabalho na sala de aula), incluindo:						
Aconselhamento	4			4		
Trabalho de contacto no controlo intermédio	0,3			0,3		
Trabalho autónomo do aluno	499, 7	8		499, 7	8	
Avaliação intercalar:	crédito					

Programador da RPA: S.V. Kuryntsev; Candidato a Ciências Económicas, Professor Associado do Departamento de MS&PS, F.N. Kurtayeva; Candidato a Ciências Técnicas, Professor Associado do Departamento de MS&PS.

B3.B.01 Preparação do processo de defesa e defesa dos trabalhos de qualificação final

1. objetivo da GIA

O objetivo da certificação final do Estado é estabelecer a conformidade dos resultados do domínio dos alunos do programa de formação "Ciência e Tecnologia dos Novos Materiais" com a norma na direção da formação 22.03.01 "Ciência e Tecnologia dos Materiais".

2. Tarefas do GIA:

O objetivo do GIA é confirmar a aptidão para resolver as seguintes tarefas profissionais, de acordo com os tipos de actividades profissionais:

actividades de investigação, cálculo e análise:

recolha de dados sobre os tipos e classes de materiais existentes, a sua estrutura e propriedades em relação à solução das tarefas definidas, utilizando bases de dados e fontes bibliográficas;

participação no trabalho de um grupo de especialistas na realização de experiências e tratamento dos seus resultados sobre a criação, investigação e seleção de materiais, avaliação das suas qualidades tecnológicas e de serviço através de análises complexas da sua estrutura e propriedades, ensaios físico-mecânicos, de corrosão e outros;

Recolha de informações científicas e técnicas sobre o objeto das experiências para a preparação de análises, relatórios e publicações científicas, participação na preparação de relatórios sobre o trabalho realizado;

trabalhar com documentação normativa e técnica no sistema de certificação de materiais e produtos, processos tecnológicos da sua obtenção e transformação, documentação de relatórios, registos e protocolos do curso e resultados da experiência, documentação sobre segurança e proteção da vida;

participação no trabalho de um grupo de especialistas no

desenvolvimento de processos tecnológicos de produção, transformação e modificação de materiais e revestimentos, peças e produtos, sistemas de controlo de processos tecnológicos;

manutenção de registos, execução de projectos e documentação técnica de trabalho, preparação de registos e protocolos nos locais de produção;
cumprimento dos requisitos da documentação regulamentar no desenvolvimento do projeto e da documentação técnica;
produção e actividades de conceção e tecnológicas:
participação na obtenção e utilização (transformação, exploração e utilização) de materiais para diversos fins, conceção de processos de alta tecnologia na fase de ensaio-piloto e implementação;
participação na organização dos locais de trabalho na divisão, manutenção e diagnóstico dos instrumentos de medição e dos equipamentos de ensaio, controlo do cumprimento dos requisitos de qualidade durante as medições e os ensaios, tratamento dos dados;
participação no desenvolvimento de tarefas técnicas para medições, ensaios, trabalhos de investigação e desenvolvimento;
participação em trabalhos de normalização, preparação e certificação de processos, equipamentos e materiais, preparação de documentos aquando da criação de um sistema de gestão da qualidade na organização;
conceção de processos de alta tecnologia no âmbito de uma unidade principal de conceção e tecnologia ou de investigação;
elaboração de documentação técnica de projeto e de trabalho;

3. o lugar dos GIA na estrutura do programa de estudos
GIA: "Defesa do trabalho, incluindo a preparação da defesa e o procedimento de defesa" faz parte da parte básica do bloco 3.
4. Como resultado do domínio do programa de bacharelato, o licenciado deve possuir competências culturais gerais, profissionais gerais e profissionais.
4.1A pessoa que concluiu o curso de bacharelato deve possuir as seguintes competências culturais gerais

capacidade de utilizar os fundamentos do conhecimento filosófico para formar uma visão do mundo (OK-1);

Capacidade de analisar as principais etapas e regularidades da evolução histórica da sociedade para formar uma posição cívica (OK-2);

capacidade de utilizar os princípios básicos do conhecimento económico em várias esferas de atividade (OK-3);

capacidade de utilizar os fundamentos do conhecimento jurídico nos diferentes domínios de atividade (OK-4);

capacidade de comunicar oralmente e por escrito em russo e em línguas estrangeiras para resolver problemas de interação interpessoal e intercultural (OK-5);

capacidade de trabalhar em equipa, aceitando com tolerância as diferenças sociais, étnicas, confessionais e culturais (OK-6);

capacidade de auto-organização e de autoeducação (OK-7);

capacidade de utilizar os métodos e meios da cultura física para assegurar uma atividade social e profissional de pleno direito (OK-8);

disponibilidade para utilizar métodos básicos de proteção do pessoal da produção e da população contra as possíveis consequências de acidentes, catástrofes e desastres naturais (OK-9).

4.2 Um licenciado que tenha concluído o programa de bacharelato deve possuir as seguintes competências profissionais gerais

Capacidade de resolver tarefas normalizadas da atividade profissional com base na informação e na cultura bibliográfica, utilizando as tecnologias da informação e da comunicação e tendo em conta os requisitos básicos da segurança da informação (OPK-1);

capacidade de utilizar na atividade profissional os conhecimentos sobre as abordagens e os métodos de obtenção de resultados na investigação teórica e experimental (OPK-2);

aptidão para aplicar conhecimentos fundamentais de matemática, ciências naturais e engenharia geral na atividade profissional (OPK-3);

capacidade de combinar teoria e prática para resolver problemas de engenharia (OPK-4);

capacidade de aplicar na prática os princípios da utilização racional dos recursos naturais e da proteção do ambiente (OPK-5).

4.3 Um licenciado que tenha dominado o programa de bacharelato deve possuir as competências profissionais correspondentes ao(s) tipo(s) de atividade profissional em que se centra o programa de bacharelato:

actividades de investigação, cálculo e análise:

Capacidade de utilizar as modernas tecnologias da informação e da comunicação e os recursos de informação globais em actividades de investigação, cálculo e análise no domínio da ciência e tecnologia dos materiais (PC-1);

Capacidade para recolher dados, estudar, analisar e resumir informações científicas e técnicas sobre o tema da investigação, desenvolvimento e utilização de documentação técnica, documentos normativos de base sobre questões de propriedade intelectual, preparação de documentos para registo de patentes, registo de know-how (PC-2);

aptidão para utilizar métodos de modelização na previsão e otimização de processos tecnológicos e propriedades dos materiais, normalização e certificação de materiais e processos (PC-3);

capacidade de utilizar, na investigação e nos cálculos, conhecimentos sobre métodos de investigação, análise, diagnóstico e modelização das propriedades das substâncias (materiais), processos físicos e químicos que ocorrem nos materiais durante a sua obtenção, transformação e modificação (PC-4);

disponibilidade para efetuar pesquisas e testes complexos no estudo de materiais e produtos, incluindo normas e certificação, processos de produção, transformação e modificação (PC-5);

Capacidade de utilizar na prática ideias modernas sobre a influência da micro e nanoestrutura nas propriedades dos materiais, a sua interação com o ambiente, os campos, as partículas e a radiação (PC-6);

capacidade de selecionar e aplicar métodos adequados de modelização de processos físicos, químicos e tecnológicos (PC-7);

disponibilidade para cumprir os requisitos básicos de gestão de escritório em matéria de registos e protocolos; elaborar documentação técnica de projeto e de trabalho em conformidade com os documentos normativos (PC-8);

disponibilidade para participar no desenvolvimento de processos tecnológicos de produção e transformação de revestimentos, materiais e produtos deles derivados, sistemas de controlo de processos tecnológicos (PC-9);

produção e actividades de conceção e tecnológicas:

capacidade de avaliar a qualidade dos materiais em condições de produção na fase de teste-piloto e implementação (PC-10);

Capacidade para aplicar os conhecimentos sobre os principais tipos de materiais inorgânicos e orgânicos modernos, os princípios de seleção de materiais para determinadas condições de funcionamento, tendo em conta os requisitos de fabrico, economia, fiabilidade e durabilidade, bem como as consequências ambientais da sua aplicação na conceção de processos de alta tecnologia (PC-11);

disponibilidade para trabalhar no equipamento de acordo com as regras de segurança, saneamento industrial, segurança contra incêndios e normas de proteção do trabalho (PC-12);

Capacidade de utilizar materiais normativos e metodológicos para a preparação e execução de tarefas técnicas de medições, ensaios, trabalhos de investigação e desenvolvimento (PC-13);

aptidão para utilizar os meios técnicos de medição e de controlo necessários para a normalização e a certificação dos materiais e dos processos da sua produção, dos ensaios e do equipamento de produção (PC-14);

Capacidade para assegurar uma produção eficiente, ecológica e tecnicamente segura, com base na mecanização e automatização dos processos de produção, na seleção e utilização de equipamentos e ferramentas, nos métodos e técnicas de organização do trabalho (PC-15);

Capacidade de utilizar conhecimentos sobre processos e operações tecnológicos tradicionais e novos, materiais normativos e metodológicos sobre preparação tecnológica da produção, qualidade, normalização e certificação de produtos e processos com elementos de análise económica (PC-16);

capacidade de utilizar na atividade profissional as noções básicas de conceção de processos tecnológicos, desenvolvimento de documentação tecnológica, cálculos e conceção de peças, incluindo a utilização de software normalizado (PC-17).

5. Âmbito de aplicação da GIA

Tipos de acções de formação	Geral intensidade do trabalho			Semestre: 8		
	em ZE	por hora	por sem ana.	em ZE	por hora	por sem ana.
Intensidade total de trabalho da disciplina (módulo)	6	216	4	6	216	4

Trabalho de contacto dos alunos com o professor por tipos de sessões de formação (trabalho na sala de aula), incluindo:	14,5			14,5	
GIA (desempenho e defesa)	14,5			14,5	
Trabalho autónomo do aluno	201,5	4		201,5	4
Atestação final:	Defesa do WRC				

Programador de RPA: E.R. Galimov, Doutor em Ciências Técnicas, Professor, Departamento de MS&PS, F.N. Kurtayeva; Candidato a Ciências Técnicas, Professor Associado, Departamento de MS&PS.

B1.B.01.01.01(U) "Prática de familiarização"
1.Objetivo do estudo da disciplina (módulo): a disciplina estabelece as bases do conhecimento jurídico, com a ajuda das quais se desenvolve a atividade posterior de um especialista.
2. Objectivos da disciplina:
1.	Familiarização dos alunos com o vasto complexo de conhecimentos sobre o Estado e o Direito, com o sistema de conhecimentos sobre o Direito;
2.	formação da base concetual no domínio da jurisprudência;
3.	facilitar a assimilação de material que trate da aplicação e interpretação do direito;
4.	Familiarização dos alunos com os principais ramos do direito que regulam as relações sociais;
5.	promoção do domínio das noções básicas de direito civil, penal, laboral, administrativo e familiar;
6.	estudo do mecanismo jurídico de realização dos métodos de gestão estatal da vida pública;
7.	Estudo das condições da atividade económica e empresarial no âmbito das actividades jurídicas;
8.	Formação em meios legais de defesa dos seus direitos e interesses legítimos.
3. lugar da disciplina na estrutura do programa educativo do ensino superior
A disciplina pertence à disciplina opcional, Bloco 1.
4. O licenciado que domine a disciplina deve possuir as seguintes competências

OK-4 - capacidade de utilizar os conhecimentos jurídicos básicos em vários domínios de atividade

5. Âmbito da disciplina (indicando a intensidade do trabalho de todos os tipos de trabalho académico)

Tipos de acções de formação	Intensidade total da mão de obra (em horas)		
	Total	Semestre	
	ZE /hora	6	
Intensidade total de mão de obra da disciplina (módulo) em ZE/hora	2 ZE/72.	2 ZE/72.	
Trabalho de contacto dos alunos com o professor por tipos de sessões de formação (trabalho na sala de aula), incluindo:	*34,3*	*34,3*	
Palestras	34	34	
Trabalhos de laboratório	-	-	
Exercícios práticos	-	-	
Trabalhos de curso (consulta, defesa)	-	-	
Projeto de curso (consultas, defesa)	-	-	
Aconselhamento pré-exame	-	-	
Trabalho de contacto no controlo intermédio	0,3	0,3	
Trabalho autónomo do estudante (trabalho extracurricular), incluindo:	37,7	37,7	
Trabalhar com o material de formação (auto-formação)	37,7	37,7	
Projeto de curso (preparação)	-	-	
Trabalhos de curso (preparação)	-	-	
Preparação para a certificação provisória	-	-	
Certificação intermédia		crédito	

Programador de RPA: E.R. Galimov, Doutor em Ciências Técnicas, Professor, Departamento de MS&PB, KNITU-KAI, V.I. Davlieva, Candidato a Ciências Jurídicas, Professor Associado.

TEMA 2. PANORÂMICA DA INVESTIGAÇÃO AVANÇADA EM CIÊNCIA DOS MATERIAIS

Objetivo. Encontrar e analisar a investigação de ponta no domínio da ciência dos materiais.

Tarefa. Fazer uma análise da investigação avançada no domínio da ciência dos materiais com a ajuda de recursos abertos da Internet. Preparar uma apresentação e um artigo de 5 minutos.

TEMA 3. PANORÂMICA DAS TENDÊNCIAS DA INVESTIGAÇÃO AVANÇADA EM CIÊNCIA DOS MATERIAIS NAS PRINCIPAIS UNIVERSIDADES DO MUNDO

Objetivo. Estudar e analisar a investigação avançada no domínio da ciência dos materiais nas principais universidades do mundo.

Tarefa. Fazer uma análise da investigação avançada no domínio da ciência dos materiais nas principais universidades do mundo, com a ajuda de recursos abertos da Internet. Preparar uma apresentação e um discurso de 5 minutos.

O QS World University Rankings por disciplina baseia-se na reputação académica, na reputação dos empregadores e no impacto da investigação. https://www.topuniversities.com/university-rankings/university-subject-rankings/2021/materials-sciences

Instituições de ensino superior:

1. Departamento de Ciência dos Materiais e Metalurgia Universidade de Cambridge https://www.msm.cam.ac.uk/research/research-groups
2. Universidade Tecnológica de Nanyang, Singapura (NTU)
3. Departamento de Materiais Universidade de Oxfordhttp://www.materials.ox.ac.uk/
4. Departamento de Ciência e Engenharia de Materiais Universidade da Califórnia em Berkeley http://www.mse.berkeley.edu/?fbclid=IwAR0q6yOVyboXn627ULrbAos13uLfycEIt6SD_qZ_Ii2FGbwzsqnRvq72Wd8

et al.

TEMA 4. MATERIAIS ARTIFICIAIS E TECNOLOGIAS DA SUA PRODUÇÃO ANTES DA NOSSA ERA

Objetivo. ***Estudar*** e analisar os materiais fabricados pelo homem e a tecnologia para os produzir antes da nossa era, bem como a contribuição dos indivíduos para a sua criação.

Objetivo. ***Fazer*** uma panorâmica dos materiais artificiais e das tecnologias da sua produção no período anterior à nossa era, bem como da contribuição de indivíduos para a sua criação, com a ajuda de recursos abertos da Internet. Preparar uma apresentação e um espetáculo de 5 minutos.

TEMA 5. MATERIAIS E TECNOLOGIAS DA SUA PRODUÇÃO DURANTE O RENASCIMENTO (SÉCULOS XIV-XVI). CONTRIBUIÇÃO DE **PERSONALIDADES INDIVIDUAIS PARA O DESENVOLVIMENTO DA CIÊNCIA DOS MATERIAIS NESTE PERÍODO**

Objetivo. ***Estudar*** e analisar os materiais e as tecnologias da sua produção durante o Renascimento (séculos XIV-XVI). A contribuição de personalidades individuais para o desenvolvimento da ciência dos materiais deste período.

Objetivo. ***Fazer*** uma panorâmica dos materiais existentes e das tecnologias da sua produção no Renascimento (séculos XIV-XVI). Registar a contribuição de personalidades individuais na criação e desenvolvimento da ciência dos materiais deste período, com a ajuda de recursos abertos da Internet. Preparar uma apresentação e um espetáculo de 5 minutos.

TEMA 6. MATERIAIS E TECNOLOGIAS DA SUA PRODUÇÃO NA NOVA ERA (SÉCULOS XVII-XIX). CONTRIBUIÇÃO DE PERSONALIDADES INDIVIDUAIS PARA O DESENVOLVIMENTO DA CIÊNCIA DOS MATERIAIS DESTE PERÍODO

Objetivo. Estudar e analisar os materiais e as tecnologias da sua produção na Nova Era (séculos XVII-XIX). Contribuição de personalidades individuais para o desenvolvimento da ciência dos materiais deste período.

Objetivo. Fazer uma panorâmica dos materiais existentes e das tecnologias da sua produção na Nova Era (séculos XVII-XIX). Registar a contribuição de indivíduos na sua criação e no desenvolvimento da ciência dos materiais deste período, com a ajuda de recursos abertos da Internet. Preparar uma apresentação e um espetáculo de 5 minutos.

TEMA 7. MATERIAIS E TECNOLOGIAS DA SUA PRODUÇªO NA ERA MODERNA (SØCULOS XX-XXI). CONTRIBUIÇÃO DE PERSONALIDADES INDIVIDUAIS PARA O DESENVOLVIMENTO DA CIÊNCIA DOS MATERIAIS DESTE PERÍODO

Objetivo. Estudar e analisar os materiais e as tecnologias da sua produção na Idade Moderna (séculos XX-XXI). A contribuição de personalidades individuais para o desenvolvimento da ciência dos materiais deste período.

Objetivo. Fazer uma revisão dos materiais existentes e das tecnologias da sua produção na Idade Moderna (séculos XX-XXI). Assinalar a contribuição de personalidades individuais na sua criação e desenvolvimento da ciência dos materiais deste período, com a ajuda de recursos abertos da Internet. Preparar uma apresentação e um espetáculo de 5 minutos.

TEMA 8. REALIZAÇÕES DA CIÊNCIA, TECNOLOGIA E INDÚSTRIA NACIONAIS NO DOMÍNIO DOS MATERIAIS. CIENTISTAS METALÚRGICOS, METALURGISTAS E CIENTISTAS DE MATERIAIS DA RÚSSIA

__Objetivo.__ *__Estudar__* e analisar as realizações da ciência, tecnologia e indústria nacionais no domínio dos materiais. Conhecer a contribuição dos cientistas metalúrgicos, metalurgistas e cientistas de materiais da Rússia.

__Objetivo.__ Fazer uma análise das realizações da ciência, tecnologia e indústria nacionais no domínio dos materiais. Conhecer a contribuição dos cientistas metalúrgicos, metalurgistas e cientistas de materiais da Rússia, com a ajuda de recursos abertos da Internet. Preparar uma apresentação e um discurso de 5 minutos.

LISTA DE LEITURAS RECOMENDADAS

1.   Shibaev P.B. História da ciência dos materiais: livro didático para universidades. / P.B. Shibaev et al. - Kazan: KSEU. 2014.- 257 c.

2.   Introdução à Ciência dos Materiais. https://openedu.ru/course/misis/MATSC1/

3. Processos de produção de nanopartículas e nanomateriais. ttps://openedu.ru/course/misis/NANOMAT/

Printed by Books on Demand GmbH, Norderstedt / Germany